半干旱区生态水文学原理

陈敏建　汪勇　闫龙　张秋霞　邓伟 等　著

·北京·

内 容 提 要

本书以西辽河平原为典型区域，针对半干旱农牧交错带水土资源开发与生态安全问题，系统研究半干旱区生态水文原理。多维度、多学科交叉研究半干旱区水文循环与生态系统的动态联系，及其从自然到农牧交错发生的不同阶段、各个层面的深刻改变，从理论认识、技术开发、管理实践进行全方位探索，以十余年的滚动研究积累，形成了自主创新成果。

本书行文通俗易懂、由浅入深，可作为水文学、生态学、环境科学、水文水资源规划等学科研究者及相关专业高校师生用书，也可以作为国土规划领域研究者、管理者和决策者的参考书。

图书在版编目（CIP）数据

半干旱区生态水文学原理 / 陈敏建等著. -- 北京 : 中国水利水电出版社, 2024.4
ISBN 978-7-5226-2135-7

Ⅰ. ①半… Ⅱ. ①陈… Ⅲ. ①干旱区－生态学－水文学 Ⅳ. ①P33

中国国家版本馆CIP数据核字(2024)第022281号

审图号：GS京（2024）0511号

书　　名	半干旱区生态水文学原理 BANGANHANQU SHENGTAI SHUIWENXUE YUANLI
作　　者	陈敏建　汪　勇　闫　龙　张秋霞　邓　伟　等著
出版发行	中国水利水电出版社 （北京市海淀区玉渊潭南路1号D座　100038） 网址：www.waterpub.com.cn E-mail：sales@mwr.gov.cn 电话：(010) 68545888（营销中心）
经　　售	北京科水图书销售有限公司 电话：(010) 68545874、63202643 全国各地新华书店和相关出版物销售网点
排　　版	中国水利水电出版社微机排版中心
印　　刷	北京中献拓方科技发展有限公司
规　　格	184mm×260mm　16开本　10.25印张　249千字
版　　次	2024年4月第1版　2024年4月第1次印刷
印　　数	001—500册
定　　价	**68.00**元

凡购买我社图书，如有缺页、倒页、脱页的，本社营销中心负责调换

版权所有·侵权必究

前言

2007年盛夏，我与几位水利专家相约去西辽河平原考察农牧区水土资源开发利用状况，内蒙古自治区通辽市水务局专家陪同深入现场调查并进行座谈交流，留下了深刻印象。西辽河流域属于农牧交错发展区域，流域内灌区地下水埋深普遍在5m以内，莫力庙水库还有一湾浅水，科尔沁草原水草茂盛，规模接近20000km^2。当时正处在一个如何实现农牧业可持续发展举棋不定的状态：一方面，有限的地表径流已经用尽，即使汛期洪水也被用于补充地下水，地下水已成为农业灌溉的主要依赖；另一方面，由于水利部要求严格控制使用地下水，使得开发利用的前景不明确。此外，还有一个根本性的更大挑战：天然草原在以惊人的速度不断退化，如何处理农牧业关系、维护生态安全将影响草原农牧区发展全局。以这些问题为切入点展开研究，抽丝剥茧，层层深入，竟然持续了十几年。

我国西北干旱区与北方半湿润区之间的狭长带状区域，年降水量为200～400mm、年蒸发量大于1000mm，本书称之为半干旱区，在水文循环、生态水文的属性上，与干旱区和半湿润区有显著的区别，其中西辽河颇具代表性。全球范围内，这种在干旱区外缘形成的带状区域广泛分布于各大陆，其特点是：降水量高于干旱腹地，河流稀少，地势平缓，地带性沙地草原，水文与生态的天然关系较为单一。由于具有干旱区到湿润区的过渡性质，常常将其作为干旱区的附属，习惯称为干旱半干旱区或者半干旱半湿润区。对此没有进行专门研究。

由于进行了水土资源大规模开发，我国半干旱区形成了所谓半干旱农牧交错带，大量草原开垦为农地，并且开采地下水灌溉，导致水文循环与生态的单纯关系发生了复杂改变，出现的诸多问题与干旱区或半湿润区有很大的差别。半干旱农牧交错带以地下水入渗补给-潜水蒸发为核心的水文循环与生态演变等问题，不能被现有的理论与技术方法所能归纳概括，需要开展专门研究，是一个不可回避的全新挑战，需要人们勇于探索，每前进一步都意味着理论认识的一次新突破。

西辽河流域地处大兴安岭南麓和燕山南麓夹角地带，多年平均年降水量约364mm，多年平均年蒸发量约1800mm。西辽河平原是草原沙地农牧生态区，地带性植被为沙地草原，降水分布较均匀，地表径流稀少、地下径流活跃且补给稳定，地表生态与潜水埋深密切相关，属于典型的半干旱区。同时，以通辽市域为主体的西辽河平原草原农牧区发展面临新挑战，迫切需要解决一系列以水为基础、影响重大的资源环境、经济社会问题。开展西辽河平原研究适逢其时，对半干旱区能起到很好的典型示范作用。

西辽河平原这类半干旱区，水文循环围绕着地下水的补给与耗散进行，并且对生态系统的安全稳定有决定性的影响。有意思的是，这些生态水文效应事件的发生及其效果都取决于地下水处在一个适度的空间，也就是说，在不同的地下水埋深条件下发生着各种各样不同的事情。如果说半干旱区水资源与生态安全的核心问题是地下水，不如说核心问题是地下水埋深，后者更加准确。比如地下水开发利用，以地下水埋深给出其安全合理范围，这是一种预警式的客观约束，在这个限制下，无论开采量大或小都可以控制后效；而以开采量为目标是一种主观的自约束，其后效是不可控的。半干旱区（其实干旱区也基本如此）水文学和生态水文学的原理，准确体现在不同潜水埋深下地表发生的各种水文与生态效应。在西辽河平原以地下水入渗补给能力、潜水蒸发补给地表植被能力为支撑点，开展各种变化埋深下复杂问题的系统性研究，由表及里、由浅入深、累积经年，形成了一个不断发现、不断充实的创新知识体系。

在开展研究的第二年就获得了重大突破。通过对半干旱区生态水文机理的研究，提出地下水在包气带的有效活动空间受两个重要物理量的制约：一是反映地下水补给的能力，降水和回归水入渗对地下水的有效补给在包气带内是向下运动的矢量；二是反映地下水支撑植被的能力，通过潜水蒸发对地表植被的补给在包气带内是向上运动的矢量。显然，这对应了两个不同内涵的生态水位（埋深），据此提出了对应的地下水埋深，改变了以往用一个综合生态地下水位将不同内涵混为一谈的局面。具体的是西辽河平原降水补给地下水临界埋深为5.5～6.5m，在地面灌溉条件下考虑回归水量，临界埋深为7～8m；潜水补给地表植被临界埋深为3m，考虑到群落生物的完整性，保持在

1.5～2m为宜。如此形成了农牧交错带地下水实行差别管理的制度建设意见。通辽市水务局迅速部署：各灌区机井7m埋深一律关闸，在科尔沁草原保持地下水埋深不大于2.2m并建立草地雨养封育区。上述部署取得了显著的生态效益、社会效益和巨大的经济效益。使我们在西辽河平原对半干旱区生态水文进行的开拓性、奠基性研究取得了三年黄金般的开局，而且理论认识突破之后不断发现的新问题为之后的深入研究进一步确立了方向和领域。

十几年的持续研究，视野不断开阔，问题不断深入，认识不断突破，成果不断充实积累，形成了半干旱区水文循环与生态效应理论、灌区地表入渗补给地下水包气带模型与临界埋深、牧区地下水补给植被包气带模型与临界埋深、半干旱区农牧交错带合理生态格局和半干旱区“水-生态-经济”安全管理模式五个方面的研究成果。

十几年的滚动研究，培养了一批批新人。2008—2023年间得到了两期水利部公益性行业科研专项项目（201101021、201501031）、国家自然科学基金项目（52109044）、水利部技术示范项目（SF－201701）、通辽市域“水-生态”安全保障技术研究（2009110020000629）等的支持，获得了充足的研究经费，先后组织了多家单位专家和院校师生的参与。本书成果大部分来自于上述研究报告和期间发表的文章，有部分重要内容是首次公开发表。通过对植物群落根系作用层水分吸收与输送结构的研究，发现了植物种演替、群落演变的机理，对植物种地带性或非地带性的认识有理论突破，一举解决了地下水驱动下植物种演替的顺序、群落演变的路径方向等问题，即所谓地下水持续下降导致的植被消亡排队，对演替的终极状态即沙化给予了有力的论证。这为我的拖延症给出了圆满的补偿，算是一个不留遗憾的结局。

本书各章撰写分工如下：第1章，陈敏建；第2章，张秋霞、闫龙、邓伟、陈娟；第3章，陈敏建；第4章，张秋霞、汪勇、邓伟；第5章，汪勇、陈敏建、张秋霞；第6章，闫龙、邓伟、汪勇、胡智丹；第7章，陈敏建、邓伟、闫龙、汪勇；第8章，陈敏建、汪勇。全书由陈敏建审定、修改，汪勇协助统稿。

本项研究发动了许多单位共同研究，欣慰的是参与研究的各个院校都已出版了自己的成果。研究过程得到了许多专家、朋友的支持，感谢他们的贡献。

最后想说：迄今为止，所有的实践表明，有节制地使用地下水是资源与生态安全的根本。失去或不理会水位控制的地下水开采犹如脱缰野马，会带来难以承受的严重后果。本前言代为序。

陈敏建

2023 年 4 月

目录

第1章 绪　论

1.1 半干旱区的概念

半干旱区符合以下特征：①多年平均年降水量为200～400mm；②水面蒸发量大于1000mm；③干旱指数大致为3～7。全球陆地有超过1/3的面积属于干旱和半干旱区。其中，中国西北部的中亚、西亚干旱、半干旱区与北非干旱区连成一片，是地球上最大的干旱区域。在空间上，干旱程度由内向外呈有序的极干旱、干旱、半干旱分布。半干旱区呈狭长带状，处于干旱区最外缘，其水文循环以及与之密切相关的生态效应具有干旱区到湿润区的过渡性质，形成自身特点，在水文循环、生态基础等方面具有许多共性，潜水活跃，草原植被茂盛，为传统的牧业发展区域（陈敏建，2007a，张秋霞，2012）。由于具有干旱区到湿润区的过渡性质，习惯上常常将其作为干旱区的附属并称为干旱半干旱区，有

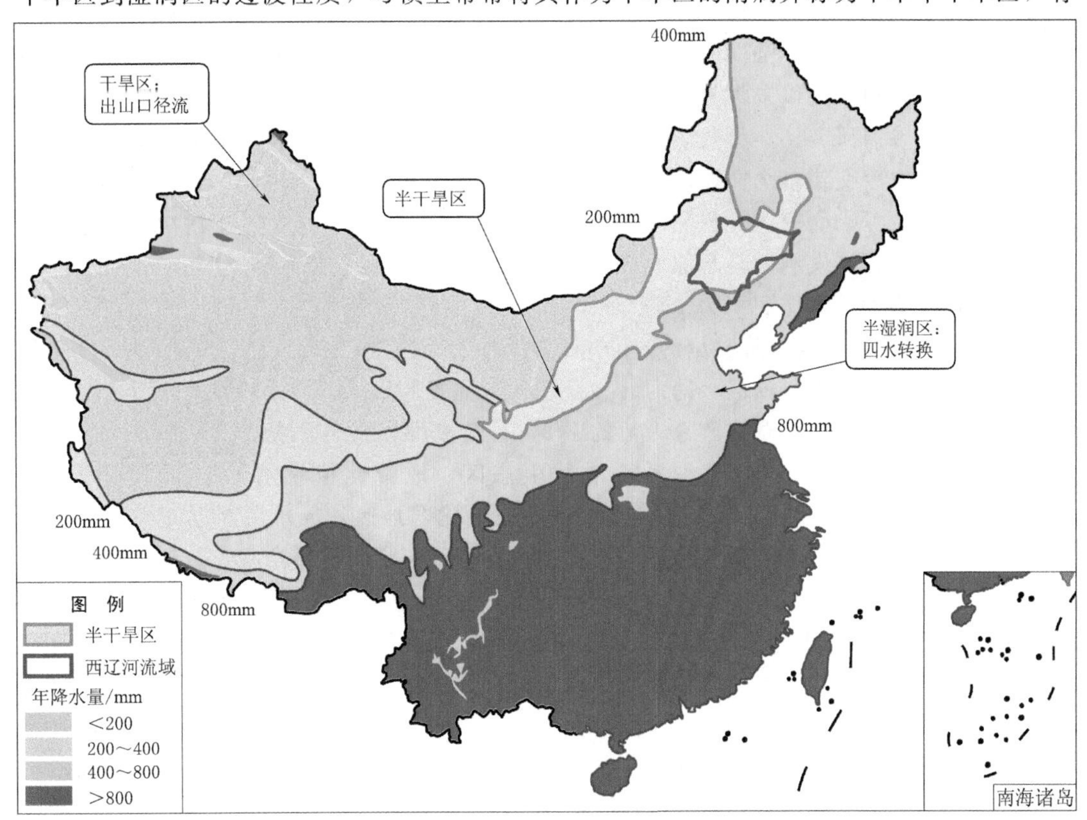

图1.1-1　中国半干旱区分布图

时也称半湿润半干旱区。总之，半干旱区常常被忽视并附属于研究程度较高的干旱区或半湿润区。国内外都缺少对半干旱区问题的系统和专门的研究。

我国半干旱区分布范围介于西北内陆河干旱区与华北东北半湿润区之间，由内蒙古东部向西南绵延至贺兰山东麓的狭长区域，跨内蒙古高原以及黄土高原两大地貌单元，包括内蒙古、辽宁、吉林、河北、宁夏、陕西、甘肃等省（自治区），其西接内陆河干旱区，东邻黄河、海河、辽河流域中下游等半湿润区，包含了松辽流域西部、海滦河流域西北部、黄河流域中上游等区域，其中西辽河流域是该区域较为完整的流域。区域内干旱少雨、河流稀少，土壤松散透水，地下水活跃且与生态关系敏感，广阔的草原是我国北方地区重要的生态屏障，如图 1.1-1 所示。

1.2 半干旱区的研究意义

我国半干旱区草原遍布，少数民族人口众多，历史上以传统的畜牧业为主，产业单一。以地下水为主要特征的水资源是半干旱区农牧交错带经济发展和生态安全的生命线（水利电力部水文局，1987）。由地下水支撑的草原构成其生态系统的主体，是传统畜牧业的天然牧场，灌溉农业发展形成了农牧交错的格局，导致其水文循环与生态效应发生改变。自 20 世纪 80 年代以来灌溉农业高速发展，大规模的地下水开采使得地下水位持续下降，出现了河道断流、草原退化、沙化等问题，成为沙尘暴的沙源之一，威胁到我国北方广大地区尤其是首都经济圈的生态安全。半干旱区积累了大量的水资源、生态与环境问题且日益复杂，但长期以来没有系统开展针对半干旱区农牧交错带水文循环与生态效应的理论与技术的专门研究。典型代表如西辽河平原，迫切需要深入系统的研究。

半干旱区农牧交错带水文循环与生态演变等生态水文问题，与干旱区或半湿润区有很大的差别，需要深入研究，并提出有针对性的理论与技术方法，从根本上解决半干旱农牧交错带地下水合理开发利用与草原农牧区社会经济发展、生态环境保护问题。

以西辽河为例，流域面积为 13.5 万 km^2，平原面积约 6.5 万 km^2，多年平均年降水量为 364mm，多年平均年蒸发量约 1800mm，属于典型的半干旱区，具有独特的自然条件。流域主体在内蒙古自治区，跨河北、辽宁、吉林省部分市县，总人口 783 万人，其中蒙古族 192 万人，占全国蒙古族总人数的 1/3，具有多民族聚居、农牧业为传统的人文社会历史背景。西辽河平原是草原沙地农牧生态区，地带性植被主要为沙地草原，在 300mm 降水区域有半固定沙丘，是东北地区生态最脆弱地区。天然的西辽河平原覆盖着科尔沁草原，降水分布较均匀，地表径流稀少、地下径流活跃且补给稳定，草原植被多样性丰富，半干旱特征明显，既不同于西北内陆干旱区，也不同于黄淮海流域甚至辽河下游半湿润区，更不同于相邻的松花江流域（陈敏建等，2007b、2009）。长期以来，对西辽河乃至内蒙古东部草原农牧区水问题研究滞后，有关松辽流域的水资源规划与管理，以及与之相关的资源环境课题都是将西辽河大而化之，作为一个单元在现有认识体系下进行总体分析，显然过于粗糙，是松辽流域缺乏有效办法的技术真空地带。解决西辽河平原以水为基础的一系列自然环境、经济发展问题影响重大，对松辽流域西部草原农牧区的水利工作具有决定性的意义。

1.3 半干旱区研究概况

1.3.1 研究现状

生态水文研究大致上可以概括为两个基本类型，决定了讨论问题的基础与边界。一是供水充分的条件下，自然生态优化的生态水文问题研究，体现的是正常管理的思路，保持生态系统的自然属性，侧重于避免危机的发生（Eagleson，2002；May 等，1977)，这一类型问题的研究在国外较为常见。二是人工干扰影响导致生态供水不足，自然生态受损的生态水文问题（王芳等，2002a，2002b；Ridolfi 等，2006)，体现的是危机管理的思路，力争保留生态系统一定的自然属性不消失，需要研究危机的产生机理和管理机制，我国的生态水文研究多属于此类问题。另外，水文循环特点在不同的气候区有其不同的规律，因此水文循环的生态效应有显著的区域特性，生态水文问题具有区域分异的特点。

相较于干旱区、湿润半湿润区的研究，半干旱区研究长期处于研究空白。从全球角度看，半干旱区的水文循环、水资源、生态等问题没有成为一个体系而受到专门关注，都是以干旱半干旱区的名义捎带涉及，没有揭示其本质的差异。这在致力于保护自然属性的第一类研究里不影响正常管理。本书研究工作开展之前，也没有见到半干旱区的第二类研究，或是干旱半干旱区，或是半湿润半干旱区的夹带，界限模糊。半干旱区处于干旱区和半湿润区之间，其水文循环以及与之密切相关的生态效应具有过渡性质。由于缺少有针对性的研究，从而缺乏对其生态水文问题的真正理解。例如，此前对半干旱区的地下水的认识受半湿润区经验局限，以水资源评价的观点忽略地下水与生态的联系，将地下水位与地表生态孤立对待。地下水的开采正是半干旱区产生问题的根源。涉及到生态水文时，又往往以干旱区经验去概括，而实际上其植被生态完全有别于干旱区（宋永昌，2001)。综合分析表明，对半干旱区无论是在水文、生态、水资源合理利用等方面都缺少系统、深入的研究。

此前涉及的半干旱区生态水文方面的研究，其目的、方向、界限都不明确，仅有的一些研究主要集中于植被水分生理（高世桥等，2010；Los 等，2006）方面、土壤水动态（雷志栋等，1988；陈崇希等，1999）方面，处于观测描述阶段，还没有上升到理性分析，缺少科学定量方法，更缺少针对半干旱区基于生态安全的水文循环、水资源利用、生态保护、社会经济科学发展的系统研究。

1.3.2 亟须解决的问题

随着社会经济的发展和水资源开发利用方式的变化，半干旱区农牧交错带面临的水文循环与生态安全问题日益严峻。从影响全局的重要性与紧迫性来看，对半干旱区水土资源合理利用与水资源管理、经济社会发展与生态安全亟待解决的问题从基础理论、关键技术、管理应用三个层面，持续开展全方位研究。

首先需要研究以地下水为核心的半干旱区水文循环及其与生态系统的变化关系，形成半干旱区生态水文理论基础；需要以农牧交错带地下水合理利用为切入点，研究半干旱区农牧交错带地下水补给机理，研究评价地下水补给与生态安全的边界条件；草原生态安全是保护半干旱区自然生态的关键，需要研究水土资源开发驱动草原生态演变机理和变化趋势；需要维护农牧交错带整体生态安全，研究半干旱区农牧交错带合理的生态格局；需要以保障半干旱区农牧交错带的生态安全与经济社会发展为目标，研究与水相适应、基于维持地下水涵养能力与生态稳定的“水-生态-经济”安全保障体系。

1.3.3 研究范围

研究范围分层次有不同侧重点。研究主体为水资源开发利用最为集中的西辽河平原区，主要涵盖全部通辽市，涉及赤峰市、兴安盟、四平市、白城市、松原市与沈阳市；以西辽河平原主体通辽市域为项目示范区，对项目区的基本规律进行深入分析研究。对松辽流域西部的呼伦贝尔草原、锡林郭勒草原、科尔沁草原以及黄河内流区的鄂尔多斯等草原开展生态地下水位分析研究，涉及呼伦贝尔市、通辽市、赤峰市、兴安盟、锡林郭勒盟、四平市、白城市、松原市、承德市、朝阳市与沈阳市、鄂尔多斯市等12个盟（市）。

1.3.4 研究工作实施进程

针对半干旱区农牧交错带因水土资源开发造成的重大水资源与生态问题，中国水利水电科学研究院主持的研究团队自2007年开始进行实地考察，随后在水利部公益性行业科研专项和流域机构及地方政府的支持下，从基础规律认识、技术方法研制到管理对策分析，以西辽河平原为主要研究对象，进行滚动跟踪研究。研究工作历经了三个阶段。

2008—2010年，由地方政府和流域机构支持在西辽河流域主体内蒙古通辽市域开展“水-生态”安全保障技术研究，通过大量实地考察和资料分析，获得了半干旱区水文水资源、生态环境基本特征的认知，重点对地下水补排关系进行了分析评价。

2011—2014年，在水利部公益性行业科研专项经费支持下，开展了西辽河平原“水-生态-经济”安全保障研究。以通辽市域作为示范区，研究范围扩展到西辽河平原，研究独特的地表地下水转化以及与生态的相互影响，建立地表水、地下水和生态可持续发展的动态关系，构建了半干旱区水文循环与生态安全理论与技术框架，对农牧交错带生态水文问题有了全新的认识；提出了与生态地下水位控制标准相适应的地下水开采利用控制性指标、产业布局、农牧关系、种植结构和经济社会发展模式；建立并运行了农牧区差别化地下水管理创新制度，研究成果已见成效，为进一步深化研究奠定了基础。

2015—2018年，继续得到水利部公益性行业科研专项支持。针对半干旱区水生态文明建设面临的水文水资源-生态-经济社会发展面临的结构性矛盾，深化了半干旱区垂直水文循环与生态安全的理论；研究半干旱区不同灌溉方式对地下水形成的影响，破解不同灌溉方式下地下水采补平衡水位变化关系，解决了不同灌溉方式对地下水形成的影响问题；提出农牧交错带区域生态安全评价理论与技术方法，通过研究草原生态演替规律，探求以耕地草地结构比例为基础的半干旱区农牧交错带合理的生态格局及其地下水流场支撑条件，解决耕地草地结构比例问题；通过研究农灌区水井地下水动力学响应关系，开发以保障生态安全与涵养地下水为目标的半干旱区地下水利用与管理关键技术，解决以生态安全与地下水保护为目标的水资源利用方式问题；研究基于地下水合理利用与生态安全的循环经济发展模式，提出基于水生态安全的循环经济产业链，解决产业结构问题。

1.4 本书主要研究成果

本书针对半干旱区农牧交错带人文社会生产力演变带来的一系列资源环境问题，从基础理论认识、技术方法研制到管理应用开发，进行了开拓性的研究。通过对农牧区野外勘查实验和严谨的理论分析，获得了重大的理论突破。研究成果涵盖了半干旱区水文、生态、水土资源管理、社会经济发展等多个领域，形成了具有跨学科特色的半干旱区水文循环与生态安全理论、技术方法、应用实践技术体系。该研究成果得到广泛认同与及时推广应用。基于历时十余年的持续滚动研究，本书归纳总结了主要原创性成果，按逻辑关系在后续各个章节依序展开叙述。本节可作为本书的阅读提纲。

1.4.1 半干旱区水文循环与生态效应理论

半干旱区水文循环以地下水补给与耗散为核心，具有显著的垂直运动特征。降水补给地下水，通过潜水蒸发补给植被，在地带性沙地上形成多样性丰富的非地带性植物群落，构成草原的主体。水土资源开发利用导致地下水补给与耗散结构发生变化，随之草原生态格局也发生结构性改变：地下水位下降使得非地带性植被发生演替，形成灌区（包括人工灌溉草地）、草原、退化草地、沙地多元化的格局，并且随着灌溉规模的扩大（灌区扩容、地下水开采强度增大），天然草原面积不断减少，演替性退化草地扩大、并不断升级演替成为地带性沙地，地下水无节制的开采最终将会形成灌区与沙地二元并存的局面。维持灌区地下水补给能力和草原潜水蒸发补给植被能力是半干旱农牧交错带水文循环稳定和生态安全的重中之重，因此研究灌区降水补给地下水埋深和草原地下水补给植被埋深是半干旱区生态水文的关键和出发点。

1.4.2 灌区地表入渗补给地下水包气带模型与临界埋深

根据入渗物理机制，跟踪湿润锋运移路径，模拟计算降水入渗临界埋深。以可能入渗的最大深度为目标，将入渗速率趋近于零的位置作为降水入渗临界埋深。根据入渗过程，将包气带划分为表面饱和层和土壤内部非饱和层。设定土壤初始条件和降水量，用饱和土壤水运动方法，计算饱和层厚度；利用非饱和土壤水运动方法，分层模拟计算湿润锋运移速率减弱过程，以湿润锋消失的深度为地表入渗补给地下水的临界埋深。

灌区地表入渗水来自降水与回归水，不同灌溉方式的回归水数量有差别，但膜下滴灌可能影响降水入渗过程。通过膜下滴灌与地面灌溉比较分析并进行原位试验观测发现，在膜下滴灌的情形下，降水入渗的饱和层形成较为滞后，且其影响延至非饱和入渗的初始阶段，但随着降水量增大，二者趋于一致，不影响最终入渗结果。在西辽河平原模拟计算并通过野外观测得到实证：降水入渗补给地下水临界埋深为5.5～6.5m，这也是膜下滴灌条件下的地表入渗补给地下水临界埋深；地面灌溉回归水可形成入渗深度1.5m，因此地面灌溉条件下，灌区入渗补给地下水临界埋深为7～8m。地表入渗补给地下水临界埋深可作为设置地下水采补平衡地下水生态水位控制性指标的依据。

1.4.3 牧区地下水补给植被包气带模型与临界埋深

根据地下水补给植被的机理，创建牧区地下水补给植被包气带模型，描述潜水蒸发补给植被的物理机制，分析计算地下水补给植被的临界埋深。将潜水表面形成的土壤毛管上升水定义为潜水影响层，将植物群落根须定义为植物群落根系作用层，分别位于包气带的底层和顶层。潜水补给植被原理：当潜水影响层与植物群落根系作用层发生接触时，地下水完成对地表植被的补给，因此将潜水影响层厚度与植被根系作用层厚度之和作为地下水补给植被的临界埋深。

潜水影响层描述的是土壤毛管上升水的总和，以毛管水最大上升高度为潜水影响层厚度，并推导出土壤毛管有效孔径计算公式，并对公式中的土壤孔隙特征函数进行求解。如利用土壤晶体模型模拟求解，解决了以 Laplace 公式计算毛管水上升高度中土壤毛管有效孔径定量分析的难题。通过分析潜水影响层内土壤水分层分布规律，可计算不同深度的潜水蒸发水量。植被根系作用层包含了群落各种植被根须的总和，其工作机制为：以最长的灌丛主根最先从潜水影响层吸收水分并在根表面张力作用下沿根须将水分向上输送，并扩散到附近土壤中，使得浅根植物获得水分补给。这样的原理反映在群落植被的微观分布上：群落中灌丛相互间基本上保持一定的距离，草本植物围绕着灌丛植物生长，并且越是靠近灌丛的草本植物生长越旺盛，密度越高。因此植物群落根系作用层的厚度由灌丛根须深度决定，在自然条件下，长期的适应调整使得植被根系作用层厚度趋近于常数。通过对植物群落根系作用层的内部结构分析还可以分解出植被个体对潜水补给的依赖程度，从而可以确定在地下水位下降条件下的植被演替顺序，进而推断群落衰减过程。对半干旱区各地进行分析计算可知，天然草地潜水补给植被的临界埋深为 2～3m，这是草原生态地下水位（埋深）的最低要求，是制定并优化草原生态保护的依据。

1.4.4 半干旱区农牧交错带合理生态格局

揭示了半干旱区地下水驱动的草原生态演变机理。灌区地下水开采导致周边地下水位下降，使得草原历经植被演替、沙化，形成灌区、人工草地、天然草地、退化草地、沙地并存的格局。随着地下水开采强度的增加，草场的分化裂解愈加严峻，天然草地日趋衰退，沙化不断扩张，最终将只剩 2～5 种顶级演替植被，且只有灌区（包括人工草地）与沙地并存。

通过连续多次实地考察取证和对历史文献的研究分析发现，1980—2017 年，西辽河平原地下水位平均埋深由 2.32m 演变为 6.03m，期间灌溉面积由 12310km^2（占比 20.9%）增加到 23372km^2（占比 39.6%）；天然草原面积由 39933km^2（占比 67.7%）锐减到仅剩 8404km^2（占比 14.2%）（闫龙，2018），其地下水平均埋深由 1.92m 加大到 2.37m；而退化草地与沙地面积占比由 9.9% 大幅上升到 39.5%，远超过灌溉面积的增长。

与此对应，西辽河平原自然属性大幅下降，植物种的多样性、丰富度、空间覆盖度均大幅减少。植物种总数由 917 种减少到 256 种。自然群落总数由 25 个减少为 19 个，群落平均植物种数由 37 种减少为 14 种，平均面积由 1597km^2 缩减到 442km^2（闫龙，2018）。本书对现有群落植物种进行了详细调查取证、排查甄别，由此绘出了西辽河平原草原面积与物种多样性变化关系图。通过对植物种属性深入研究，揭示了植被演替过程，解析了生态格局演变路径。

本书提出了基于生态安全的西辽河平原农牧交错带灌区、天然草原、人工草地的合理比例。控制、优化灌区面积，将灌区入渗补给地下水临界埋深对应的影响面积作为草原退化的最大允许范围，反推天然草场保护面积，从而开展地下水位调控与生态格局调整。通过退耕、还水、还草，逐步修复地下水潜流场，恢复部分草场。

1.4.5 半干旱区“水-生态-经济”安全管理模式

根据地下水临界埋深分别确定灌区和牧区的生态地下水位，确定地下水开发利用管控指标，提出地下水差别化管理的水资源管理制度创新。灌区管理以严格限制地下水超采、保护含水层安全为目标，以入渗补给地下水临界埋深为管控红线，确定灌区地下水利用控制性指标。地面灌溉条件下，地下水埋深需要控制在7～8m（张秋霞，2012）；膜下滴灌条件下，地下水埋深控制在5.5～6.5m（靳晓辉，2019）；草原牧区管理以保障地下水补给植被、保护草场生态安全为目标，以潜水蒸发补给地表植被的地下水临界埋深为管控红线，确定牧区草原地下水利用控制性指标，地下水埋深控制在2～3m（张秋霞，2012）。

发现了半干旱农牧交错带水文循环、生态系统、土地利用、农牧产业、人文社会五个环环相扣的结构关系，支撑半干旱区生态安全与经济社会的发展。水文循环和生态系统作为自然资源禀赋是影响全局的基础，因此保障农牧交错带地下水差别化管理是"水-生态-经济"安全的关键。基于五大结构关系的互动联系，以通辽市为例，建立了半干旱区循环经济系统动力学仿真模型，提出面向生态安全可持续发展的循环经济产业模式。

第2章　半干旱区及西辽河流域概况

2.1　半干旱区概况

2.1.1　气象水文

半干旱区位于北纬35°～50°之间，气候以大陆性季风气候为主，表现为春季干燥多风、夏季湿热多雨、秋季凉爽短促、冬季严寒少雪，年平均气温为5.0～6.5℃，1月最低，7月最高，年均日照时数为2800～3100h，相对湿度45%～58%，降水量自西北向东南逐渐增加，年均降水量为200～400mm，蒸发量由西北向东南有减少趋势，年均蒸发量为1199～2200mm，降水量在时间上分布不均，80%的降水出现在6—9月，雨热同期的特点有利于植物生长及物质转化积累。

半干旱区作为干旱区和半湿润之间的过渡形态，具有自身独特的水文特征。从区域整体地形地貌来看，半干旱区的山区和平原高差相差不大，因此整个区域的降水分布相对较平均，山区高程落差相对较大，降水径流活跃，河流发育，山间河谷地下水丰富，地表地下水交换频繁。平原区地势平坦，河道大多宽浅，当地降水基本不产流，水源来自上游下泄；由于土壤以沙性为主，孔隙发育，降水入渗强烈，成为地下水稳定的补给来源。该地区地下水埋深较浅，其蒸发耗散补养草原植被，是草原农牧区的主要水源。

2.1.2　自然植被生态

与降水条件密切相关，半干旱区以沙地地带性植被为主。由于地下水补排条件优越，受水分条件和土壤质地的影响，非地带性植被丰富多样，成为草原植被的主体。

地带性植被又称显域植被，是能充分反映一个地区气候特点的植被类型。地带性植被直接依靠降水维持其生长，包括植物蒸腾与维持植物生长环境的土壤蒸发，均来自于降水（包括雨露、霜），无须径流补给。如西辽河平原，地带性植被包括沙生植被、演替顶级群落等，主要分布在地带性栗钙土区。其中乔木-杂草群落的地带性植被主要是榆树-杂草群落，属西辽河平原典型的原生植被类型，且是西辽河平原的顶级群落类型，构成西辽河平原榆树疏林草原。但受多种因素的影响，原生植被破坏严重，仅保留了少量的榆树疏林地，在整个西辽河平原零散分布。杂草群落为依靠天然降水生长的沙地杂草群落，包括羊草群落、拂子茅群落、沙草群落、粗隐子草群落、冰草群落、砂蓝刺头群落等，在地带性生境上形成大面积分布。

非地带性植被又称隐域植被，是指在一定的气候带或大气候区内，因受地下水、地表水、地貌部位或地表组成物质等非地带性因素影响而生长发育的植被类型，包括天然草原植被、草甸植被、依赖地下水补给的灌木半灌木及乔木群落、人工植被，依据径流补给条件不同，表现出多样化的特点。草原植被由地下水支撑，由于地下水分布与土壤、温度、湿度、微地形变化等各种环境因素的千差万别，在自然条件下形成草原植物群落的多样性。仍以西辽河平原为例，根据史料记载和调查，20 世纪 80 年代，科尔沁草原的植物种约千种，分布在广阔的西辽河平原，植物种分散聚集具有局地性，因此草原的萎缩过程也是植物种消失的过程。乔木非地带性植物群落包括榆树疏林草地、山杏-杂草群落、旱柳群落、油松-蒙古栎群落，以及人工种植的杨树林、樟子松林等。灌木非地带性植物群落包括小叶锦鸡儿群落、东北木蓼群落、兴安胡枝子群落和冷蒿群落。杂草非地带性植物群落主要是苔草群落、芦苇群落和狼尾草群落。苔草群落多分布于沙化湿甸土地上。

2.1.3 农牧交错生态

由于灌溉农业的发展，因此在半干旱区形成了种植业和草畜业在空间上交错分布的农牧交错的生态格局。同时，灌溉农业的大力发展导致地下水位下降，对草原生态系统产生重大影响，导致生长态势变差，草原植物种减少，出现非地带性植被向地带性植被演变的过渡，平原区的生态格局已由天然草原为主转换为草原和农田的交错分布，且呈现农进牧退的农牧交错变化的趋势。

随着地下水埋深普遍增大，植物种丰富的非地带性植被发生重大改变：非地带性植被向地带性植被过渡，形成包括演替先锋植物群聚和演替初级阶段植物群落。乔木层的非地带向地带性过渡植物群落主要是蒙古栎-杂草群落。蒙古栎-杂草群落为原生植被遭到破坏后在某些地区形成的群落类型。主要分布在内蒙古科尔沁左翼后旗南部、辽宁省彰武县北部，其中以大青沟内中坡分布的蒙古栎较为典型。灌木层的非地带向地带性过渡植物群落主要是差巴嘎蒿群落，主要分布在半固定沙丘地，反映了地下水位下降导致草原退化的趋势。杂草层的非地带向地带性过渡植物群落主要是虎尾草群落和黄蒿群落，虎尾草群落主要分布于撂荒地，黄蒿群落主要分布于地表湖泊、湿地水体退去的裸地。

2.2 典型流域——西辽河流域概况

2.2.1 地理位置

西辽河流域地处我国北方农牧交错带的东段三北交界处，介于 41°05′～45°13′N、116°10′～123°35′E 之间，土地面积约为 13.6 万 km^2，占辽河流域的 43%。流域内主要河流包括老哈河、西拉木伦河、西辽河、乌力吉木仁河、新开河等，其行政区划涉及通辽市、赤峰市、兴安盟、锡林郭勒盟、四平市、白城市、松原市、承德市、朝阳市与沈阳市 10 个盟（市）、27 个旗（县）。

西辽河平原位于西辽河流域东部，松辽平原西部，面积约为 5.2 万 km^2，大部分位于通辽市，局部位于赤峰市、兴安盟、四平市、白城市、松原市与沈阳市。

2.2.2 地形地貌

西辽河流域位于蒙古高原向辽河平原递降的斜坡地带，其北侧为霍林河南侧分水岭，西部为大兴安岭南段，南侧为燕山山脉东段（七老图山、医巫闾山和努鲁儿虎山），东部为西辽河平原（图 2.2－1）。山地海拔为 580～1500m，面积约为 8.4 万 km^2，占流域总面积的 61.8%；西辽河平原海拔为 110～580m，面积约为 5.2 万 km^2，占流域总面积的 38.2%。

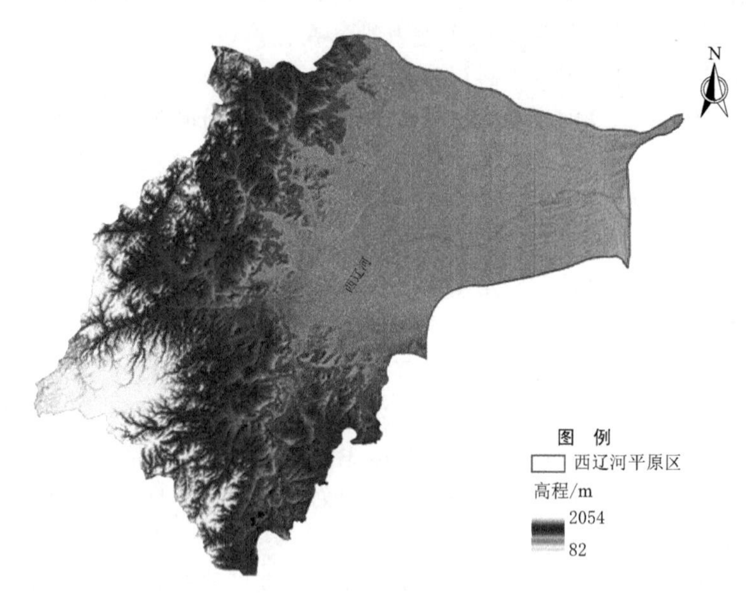

图 2.2-1 西辽河流域地形图

西辽河平原地形总体趋势为自西、西南、西北方向向东、东南、东北方向缓倾斜。地面坡降一般为 1/1000～1/2000，呈波状起伏。西北缘为大兴安岭山前冲洪积台地，海拔一般为 500～800m，向西辽河方向倾斜；东北部为辽河平原与松嫩平原的分水岭，海拔为 170～350m；西南及南部为燕山山地及辽河河谷平原，燕山山地海拔为 300～1000m，辽河河谷平原海拔一般为 70～110m；东部从东到西为低山丘陵—高平原—平原，海拔为 106～450m。

西辽河平原除主要河流河漫滩及一二级阶地外，大部为风积沙覆盖，沙垄间分布有垄间低地，是天然的草牧场。其主要地貌单元为剥蚀堆积地形与堆积地形。在近山地段，为河流堆积形成的山前冲洪积倾斜平原，向东为河流携带第四系冲积物堆积而成的冲积平原，东部为典型的冲湖积平原，具体表现为大兴安岭东部、燕山山地北部斜坡冲洪积台地、洪积高平原及冲湖积、冲积低平原，微地貌以固定和半固定沙丘为主（图 2.2-2）。

2.2.3 土壤植被

1. 土壤类型

根据《中国土种志》采用的分类系统，西辽河流域土壤总计 56 种，种类繁多（内蒙古自治区土壤普查办公室，1994）。主要有草原风沙土、栗钙土、潮土、栗钙土性土、黑钙土、暗栗钙土等。其中：草原风沙土 2.92 万 km^2，占西辽河流域总面积的 21%，主要分布在平原区中部及南部；栗钙土 2 万 km^2，占总面积的 15%，主要分布在山区；潮土 1.79 万 km^2，占总面积的 13%，主要分布在平原区，山区有少量分布；栗钙土性土 0.78 万 km^2，占总面积的 5.7%，主要分布在平原区；黑钙土 0.7 万 km^2，占总面积的 5.1%，全部分布在山区。土壤分布见图 2.2-3。

2. 植被类型

西辽河流域地处半干旱区，属草原沙地农牧生态区。生态植被主要是以草本为主的典

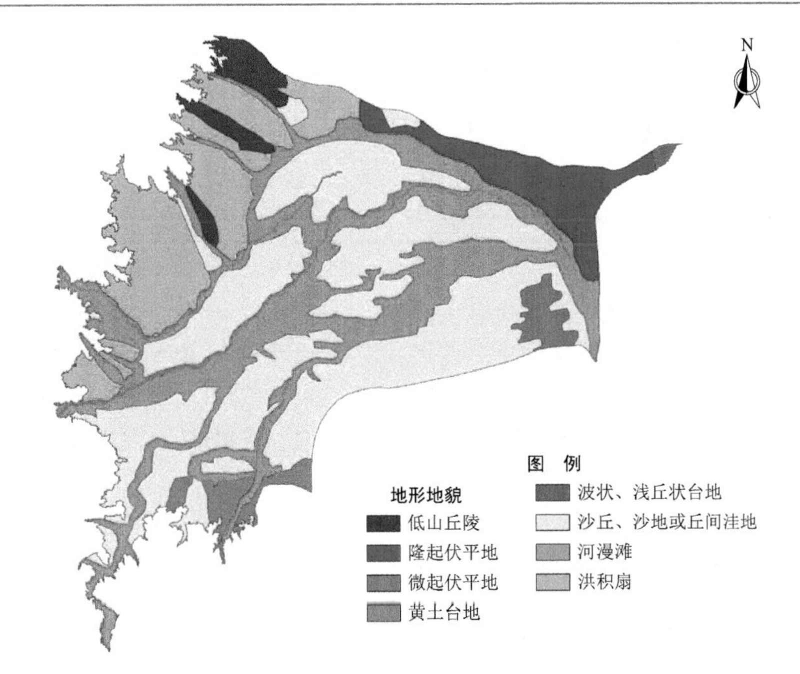

图 2.2-2 西辽河平原主要地貌类型分布情况

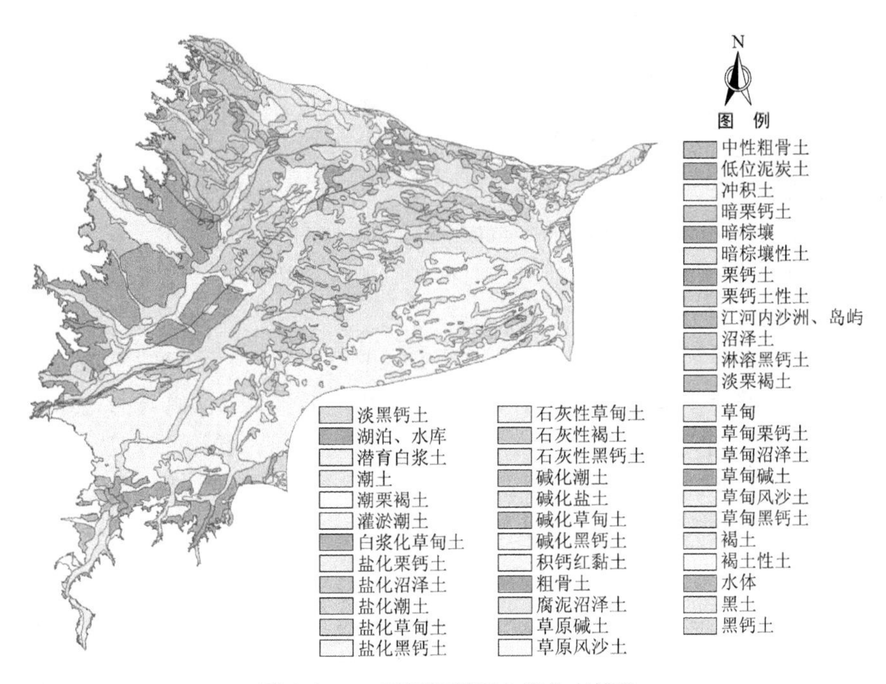

图 2.2-3 西辽河平原土壤分布情况

型草原植物群落，以及乔木、灌木半灌木草原植被和草甸植物群落。从西辽河平原植被空间分布格局分析，西辽河平原覆盖的20个旗（县）中，东部流域下游出口端的双辽市和长岭县植被以农田为主，中部通辽市、开鲁县、科尔沁左翼中旗大部分的植被以农田为主，西南部赤峰市市辖区、建平县、敖汉旗南部、奈曼旗南缘的植被以农田为主，其余地区的植被以天然植被为主，主要分布在科尔沁左翼后旗、库伦旗、奈曼旗中部、翁牛特旗、巴林右旗、阿鲁科尔沁旗、扎鲁特旗南部和科尔沁左翼中旗北部。其中，典型草原植被主要分布在阿鲁科尔沁旗和扎鲁特旗南部，灌木半灌木植被主要分布在科尔沁左翼后旗、奈曼旗和翁牛特旗，草甸植被和乔木植被分布比较零散。

2.2.4 土地利用

结合研究的焦点，本书采用 TM 遥感影像，解译西辽河平原植被组成情况，对植被的空间格局与分布进行解译分析。选取 1980 年、2000 年、2010 年和 2017 年 8 月、9 月的 TM 遥感影像共 8 景，以覆盖整个研究区，空间分辨率为 30m。以此为源数据，解译西辽河平原植被类型，分析西辽河平原植物群落组成。首先对 8 景影像进行融合、拼接与前处理。根据拼接图像结果显示可知，不同条带上的影像的光谱反射色彩存在着一定的差异，为消除该影响，解译按照条带分组，分别解译。

考虑西辽河平原地貌覆盖的复杂性及本研究的重点，首先计算各幅影像的植被归一化指数 NDVI。NDVI 反映了地表植被的覆盖情况，一般情况下，植被覆盖区的 NDVI 大于 0。但受大气辐射等因素的影响，其下限一般在 0 值以上。本研究先按照计算的 NDVI 值，分别提取 NDVI>0、NDVI>0.1、NDVI>0.12、NDVI>0.15 几种情况，对照影像上的地物，取植被覆盖区的 NDVI 值分别为大于 0.1、大于 0.12 和大于 0.15，由此选出植被覆盖区域。

对植被覆盖区域，采用 ERDAS 遥感处理软件，参考 2005 年土地利用类型和 2011 年西辽河平原植被调查数据，并结合不同地物在影像中的光谱值，运用监督分类的方法，按照农田、草原和林地三类地物的分类方法，解译植被类型。结合研究区土壤类型，将草原和林地划分为地带性典型草原植被、非地带性草甸植被、非地带性灌木半灌木植被、和非地带性乔木植被，由此确定西辽河平原植被覆盖区的 5 类植被分区。

对解译后的植被类型进行手工校对，对校对后的植被类型进行监督分类的后处理，完成对遥感影像植被空间分布的解译工作。

受水分条件、人类活动等因素的影响，研究区的植被发生了一定的变化。考虑到长系列资料的限制，本研究采用中国科学院全国土地利用类型分类方法解译的土地利用类型数据，分析近年来西辽河平原生态格局的变化，见图 2.2-4。其中，选取 1980 年、2000 年、2010 年和 2017 年四个时段的土地利用类型数据，统计土地利用与植被的变化。

根据四个时段土地利用统计数据结果分析，耕地面积整体上呈增长趋势，而草地面积逐渐减少，见表 2.2-1。

表 2.2-1　平原区土地利用类型演变　单位：km^2

类型	1980 年	2000 年	2010 年	2017 年
耕地	12310	21215	26511	23372
林地	3500	2950	2917	3296
草地	45429	26640	21428	22439
水体	1806	1697	1564	1492

续表

类型	1980年	2000年	2010年	2017年
建筑用地	1268	1566	1665	1712
未利用土地	1247	11476	11476	13250
合计	65560	65544	65561	65561

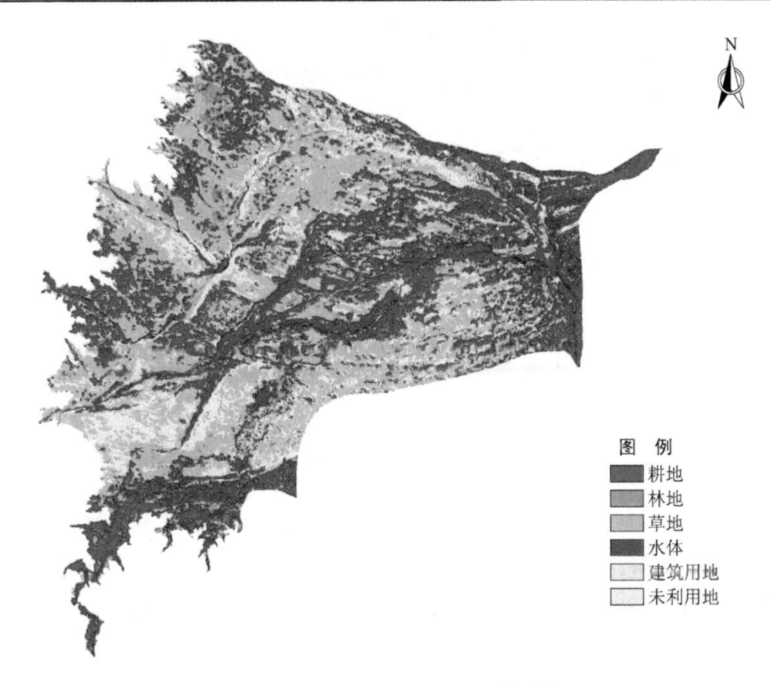

图 2.2-4 西辽河平原土地利用情况

2.2.5 气候特征

西辽河流域大部分处于干旱、半干旱气候区，属大陆性气候。年平均气温为5.0～6.5℃，1月最低，7月最高，年均日照时数为2800～3100h，相对湿度45%～58%，年均降水量为200～400mm，年均蒸发量为1199～2200mm，雨热同期，有利于植物生长及物质转化积累。干旱、洪涝及大风天气是影响农、牧、林业发展的主要自然灾害。

西辽河平原主体处于中温带半干旱季风气候区，表现为春季干燥多风、夏季湿热多雨、秋季凉爽短促、冬季严寒少雪。降水量自西北向东南逐渐增加，多年平均降水量由325mm增加到450mm；降水量在时间上分布不均，80%的降水出现在6—9月。蒸发量呈西北向东南减少的趋势，年最大蒸发量为2713.9mm，年最小蒸发量为1323.1mm。多年平均风速为2.7～4.0m/s。

2.2.6 河流水系

西辽河是辽河的上游，也是辽河的最大支流，由南源老哈河与北源西拉木伦河在内蒙古自治区翁牛特旗大兴乡海流图村汇合而成，在历史文献中曾与西拉木伦河合称潢水、辽水或大辽河。西辽河干流自海流图起流经开鲁县、科尔沁区、双辽市、昌图县四个县（市、区），在辽宁省昌图县长发乡福德店村与东辽河汇合为辽河干流。西辽河流域面积大于 1000km^2 以上的支流有 18 条，大于 100km^2 以上的支流有 75 条。最主要的河流包括西辽河干流、老哈河、西拉木伦河、新开河、教来河和乌力吉木仁河 6 条河流，见图 2.2-5。

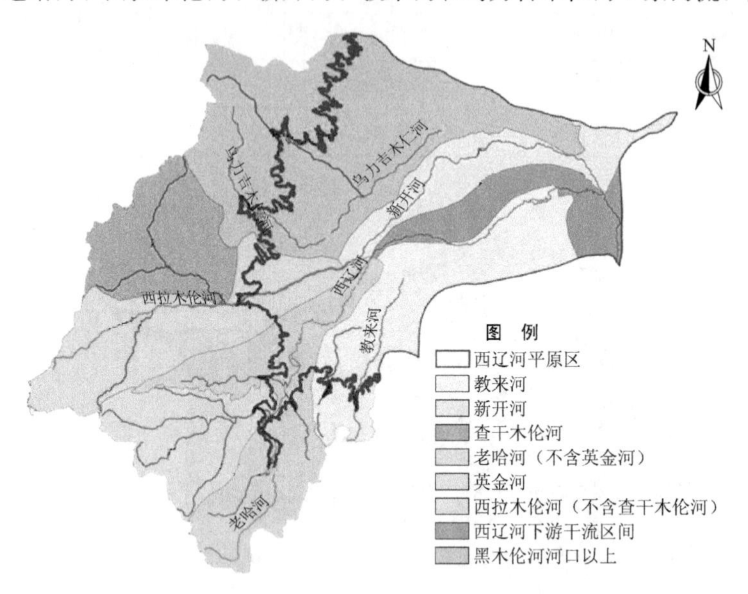

图 2.2-5　西辽河流域主要河流水系图

1. 水资源分区

本文根据河流产汇流关系将西辽河流域划分为 8 个四级区（图 2.2-5）。其中西辽河平原主要包括西辽河下游干流区间、新开河、教来河、老哈河以及黑木伦河河口以上共 5 个四级区。

老哈河：发源于七老图山，流经河北省承德市进入内蒙古自治区赤峰市境内，经红山水库，于奈曼旗进入通辽市境内，与西拉木伦河汇合。老哈河全长 426km，流域面积 2.74 万 km^2。

西拉木伦河：发源于大兴安岭南麓，流经克什克腾旗、林西县、巴林右旗、阿鲁科尔沁旗和翁牛特旗，进入通辽市境内，于开鲁县台河口分为两股，一股汇入新开河，另一股与老哈河汇流，进入西辽河干流。河道全长 376km，流域面积 3.13 万 km^2。

西辽河干流：自老哈河与西拉木伦河汇流处，自西向东穿过通辽市，在科尔沁左翼中旗纳入教来河、新开河后，于郑家屯折向南，与东辽河汇合。河道全长 403km，流域面积 1.78 万 km^2。

新开河：自台河口分水，纳入部分下拉木伦河水流，自西向东穿过西辽河平原北部，汇入西辽河。河道全长 376km，流域面积 0.79 万 km^2。

教来河：发源于努鲁儿虎山，流经赤峰市敖汉旗，于下洼进入通辽市，经奈曼旗、开鲁县、科尔沁区与科尔沁左翼中旗，汇入西辽河干流。全长 482.2km，流域面积 1.27 万 km^2。

乌力吉木仁河：发源于大兴安岭南麓，流经赤峰市、通辽市、科尔沁右翼中旗与通榆县，在科尔沁左翼中旗汇入新开河。河道全长 598km，流域面积 4.8 万 km^2。

2. 地表径流变化

西辽河平原地表径流缺乏，河川径流主要来自于上游山区。一方面上游取用水的增加减少了入境水量；另一方面，随着西辽河平原农灌用水的增加，大量水库的建设与利用进一步减少了河川径流量。对西辽河平原下游出口端郑家屯水文站实测径流过程与降水过程对比分析可见，1954—1984 年间径流明显减少，见图 2.2-6。而以西辽河平原通辽水文站 1999—2017 年径流统计资料分析表明，通辽站在 1999 年之前，还有较充沛的径流量，到 2000 年，仅 8 月有 0.21m^3/s 的平均流量，其他月份断流，自 2000 年至今，西辽河通辽断面已全部干涸，见表 2.2-2。

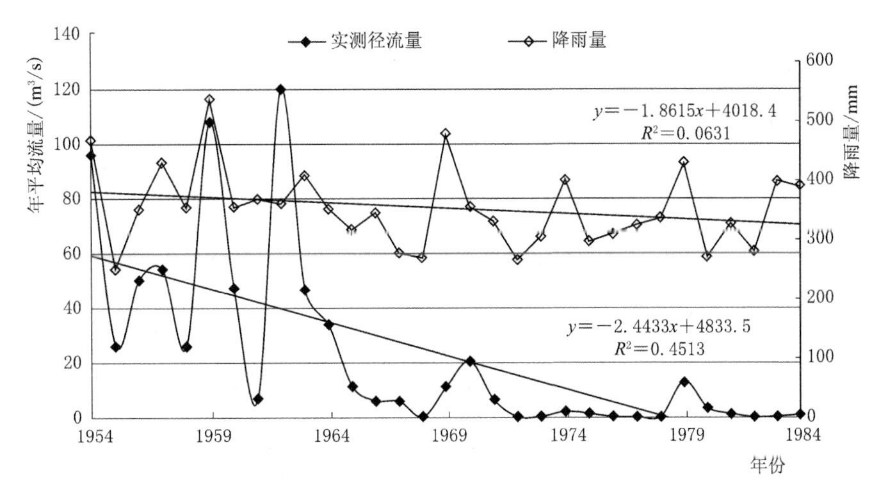

图 2.2-6　郑家屯水文站降水量与河川年平均流量过程线

随着通辽市水资源开发利用力度的加大，河道径流已基本消失。如图 2.2-7 所示，通辽市入境水量呈逐年减少趋势。2002 年通辽市入境水量为 19.07 亿 m^3，其中：乌力吉木仁河入境水量 2.8 亿 m^3，西拉木伦河入境水量 7.81 亿 m^3，老哈河入境水量 7.51 亿 m^3，教来河入境水量 0.95 亿 m^3；至 2017 年通辽市入境水量仅为 3.43 亿 m^3，其中乌力吉木

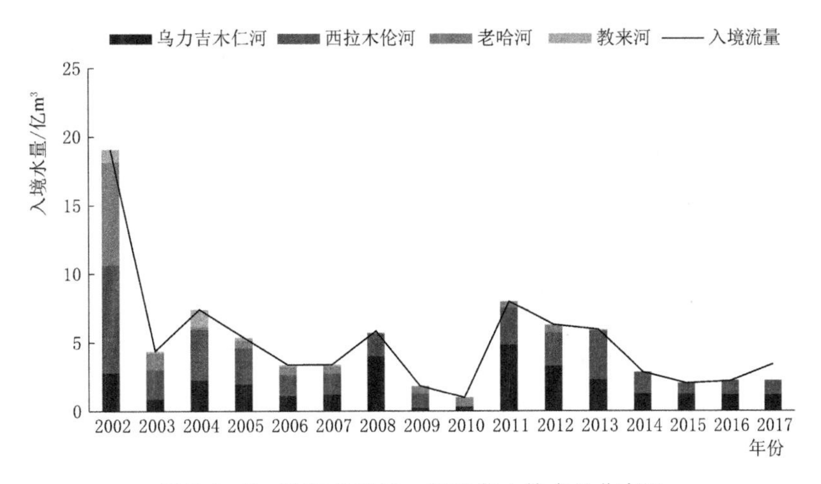

图 2.2-7　通辽市 2002—2017 年入境水量分布图

仁河入境水量下降一半，仅剩 1.18 亿 m^3；西拉木伦河入境水量下降 86%左右，仅剩 1.07 亿 m^3；老哈河和教来河入境水量则已为零。入境水量的骤减对下游径流造成极大的影响，表现为下游通辽水文站径流量基本断流，如图 2.2-8 所示，通辽站在 2000 年之前，河道仍有一定的径流量，1998 年径流量为 329.62 亿 m^3。而之后的 18 年间，西辽河通辽水文站径流量为零，河道全部干涸，见表 2.2-2。

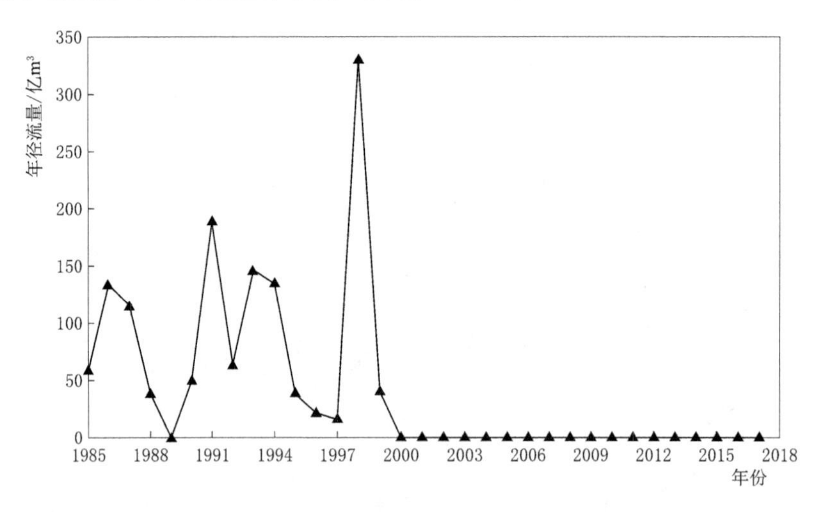

图 2.2-8 通辽水文站年径流量

表 2.2-2 **西辽河干流通辽水文站逐月平均流量** 单位：m^3/s

年份	平均流量											
	1月	2月	3月	4月	5月	6月	7月	8月	9月	10月	11月	12月
1985	0	0	0	0.13	1.26	2.35	84	83.2	5.39	7.27	0.74	0.059
1986	1.55	0	11.3	12.2	0.02	0.33	71.6	94.4	151	52.6	19.6	8.72
1987	9.33	7.49	7.59	68.7	32.5	27.3	65.6	43.4	73.5	20.6	9.14	1.34
1988	2.81	1.42	17.4	86.3	9.5	0.76	3.2	0	0	0	0	0
1989	0	0	0	0	0	0	0	0	0	0	0	0
1990	0	0	0	0	0	0	101	37.1	3.93	3.16	10.2	1.51
1991	0.04	0.12	6.3	52	6.27	148	179	108	39.7	41.1	14.9	1.43
1992	0	0	26.7	24.7	22.8	26.3	9.06	39	10.2	32.2	5.48	6.13
1993	5.87	1.95	38.3	6.97	6.81	0	82.6	264	33	11.5	6.98	6.41
1994	16	10.5	21.3	44.8	19	4.44	213	50.7	16.7	11.4	12.8	5.36
1995	5.37	13.1	19.5	27.1	12.4	4.56	25.9	2.47	0.32	4.36	4.83	0.11
1996	0	0	1.57	7.43	6.67	0.63	16.9	10.5	5.95	6.43	7.14	6.1
1997	7.62	0	15.8	3.69	0.84	5.56	0	16.1	0.42	0	0	0
1998	0	0	1.83	0	0	3.43	189	742	53.7	30.4	15.9	8.96
1999	10.1	4.77	5.6	86.2	6.84	8.17	4.52	0.16	0	0	0	0
2000	0	0	0	0	0	0	0	0.21	0	0	0	0

续表

年份	平均流量											
	1月	2月	3月	4月	5月	6月	7月	8月	9月	10月	11月	12月
2001	全年河干											
2002	全年河干											
2003	全年河干											
2004	全年河干											
2005	全年河干											
2006	全年河干											
⋮	全年河干											
2017	全年河干											

2.3 水资源评价

2.3.1 降水量

根据西辽河流域赤峰、通辽等8个国家气象站1953—2018年逐日降水量资料，采用泰森多边形法计算流域多年平均降水量为366.5mm。

从流域降水量空间分配可知，降水量较小的站为开鲁站，位于西辽河平原区，多年平均年降水量仅324mm，降水量较大的站为双辽站，位于西辽河下游出口端，多年平均年降水量能达到447.7mm。从各站多年平均降水量分析，西辽河流域在平原区和山丘区各测站降水量没有明显的差异。

1. 降水量年际分布

以西辽河流域国家气象站泰森多边形划分的计算结果为基础，分析流域各年降水量变化情况，见图2.3-1。从西辽河流域降水的年际变化来看，整体呈下降趋势，但近20年

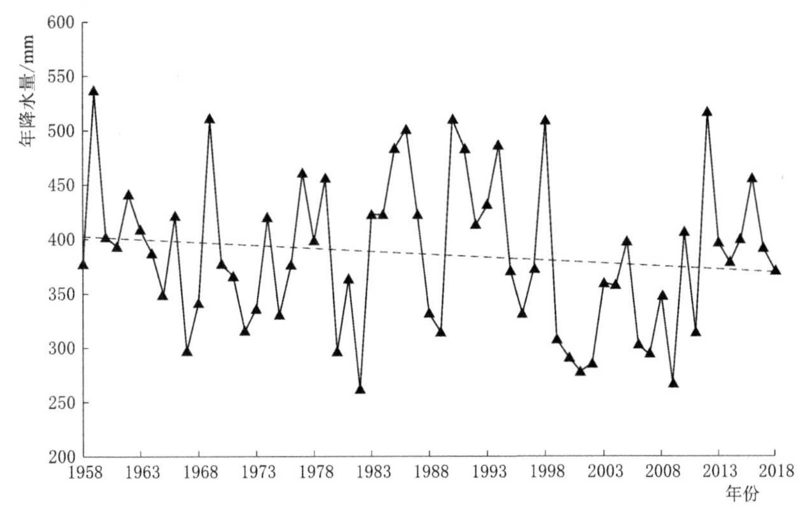

图2.3-1 西辽河平原降水年际变化图

的变化趋势较明显，2000年以来，降水量呈略微上升趋势。

2. 降水量年内分配

以开鲁站为例，分析2001—2010年降水实测值系列，分析降水量年内分配，见图2.3-2和表2.3-1。

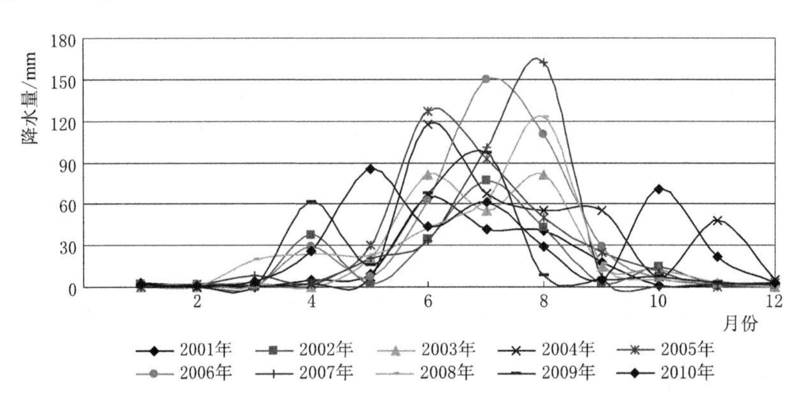

图2.3-2 开鲁站年降水过程分布图

表2.3-1 2001—2010年开鲁站年内降水分布比例

项　目	2001年	2002年	2003年	2004年	2005年	2006年	2007年	2008年	2009年
降水量/mm	185.3	212.8	272.3	364.5	335.4	400.4	340.3	312.4	268.3
4—10月降水量/mm	179	210.3	266	311.1	330	393.3	325.6	288	262.4
4—10月降水量占全年的比例/%	96.6	98.8	97.6	85.3	98.3	98.2	95.6	92.2	97.8
5—10月降水量/mm	172.6	158.3	252.8	301.6	315.3	357.9	324.4	258.7	193.5
5—10月降水量占全年的比例/%	93.2	74.4	92.8	82.7	94	89.4	95.3	82.8	72.1
项　目	2010年	2011年	2012年	2013年	2014年	2015年	2016年	2017年	2018年
降水量/mm	353.5	230	495.9	331.8	281.3	338.7	325.1	300.4	420.8
4—10月降水量/mm	320.4	219.4	437.2	315.3	273.2	315.7	319.2	296.4	409.6
4—10月降水量占全年的比例/%	90.6	95.4	88.2	95.0	97.1	93.2	98.2	98.7	97.3
5—10月降水量/mm	224.3	211.9	419.1	289.5	272.4	297.1	310.2	292.4	401.5
5—10月降水量占全年的比例/%	63.4	92.1	84.5	87.3	96.8	87.7	95.4	97.3	95.4

从西辽河平原开鲁站降水年内分配过程分析，5—10月是主要的降水期，一般能占全年降水量的80%以上。

2.3.2 水资源

1. 地表水

根据松辽流域评价报告，西辽河流域多年平均年径流深为21.9mm，径流量为29.6亿m^3，20%频率下年径流量为38亿m^3，50%频率年径流量为27.9亿m^3，75%频率下年径流量为21.6亿m^3。近年来，由于降水减少，加之人类活动的影响，地表水资源量呈减少趋势。2000年以来，除2005年基本接近多年平均地表水资源量外，其他年份均显著小于多年平均值，2009 年最小，仅 9.66 亿 m³，较多年平均水平偏少 68%，见表 2.3-2。

表 2.3-2　　西辽河流域地表水资源量　　单位：亿 m³

项目	2001 年	2002 年	2003 年	2004 年	2005 年	2006 年	2007 年	2008 年	2009 年	2010 年
地表水资源量	12.03	12.05	19.96	18.43	21.75	16.58	14.56	19.61	9.66	18.33

2. 地下水

根据松辽流域水资源调查评价资料，西辽河流域多年平均地下水资源量为 53.73 亿 m³，其中：山丘区 16.40 亿 m³，平原区 41.58 亿 m³，山丘区与平原区重复计算量 4.23 亿 m³。

2001—2010 年西辽河流域三级区和各县（市）地下水资源量列于表 2.3-3，其中 2005 年与多年平均地下水资源量基本持平，2010 年略高于多年平均地下水资源量，其余年份均低于多年平均值。

表 2.3-3　　西辽河流域地下水资源量　　单位：亿 m³

三级区/行政区	地下水资源量									
	2001 年	2002 年	2003 年	2004 年	2005 年	2006 年	2007 年	2008 年	2009 年	2010 年
西辽河下游区间	20.64	20.65	25.80	23.27	28.29	23.80	18.92	24.95	19.39	28.49
乌力吉木仁河	11.52	11.52	10.65	11.91	12.39	10.57	9.91	11.21	9.69	11.39
西拉木伦河及老哈河	13.78	13.37	14.60	13.75	14.15	13.82	13.91	14.94	13.15	15.66
合计	45.94	45.54	51.05	48.93	54.83	48.10	42.74	51.10	42.23	55.54
四平市	0.70	0.71	1.31	1.16	1.78	1.19	1.05	1.47	0.98	1.70
白城市	0.40	0.41	0.61	0.61	0.95	0.63	0.57	0.69	0.66	0.74
松原市	0.28	0.28	0.49	0.27	0.43	0.25	0.23	0.38	0.26	0.55
朝阳市	0.55	0.14	0.39	0.26	0.22	0.22	0.32	0.46	0.31	0.50
兴安盟	1.67	1.67	1.62	1.37	2.29	1.76	1.37	1.48	1.29	1.73
通辽市	25.13	25.13	28.08	27.14	30.66	26.13	21.13	27.42	21.95	30.48
赤峰市	4.32	4.32	4.68	5.13	4.92	4.77	4.86	5.18	4.18	5.16
锡林郭勒盟	0.03	0.03	0.04	0.04	0.04	0.04	0.04	0.04	0.04	0.02

2001—2010 年西辽河平原区地下水资源量列于表 2.3-4。

表 2.3-4　　西辽河流域平原区地下水资源量　　单位：亿 m³

三级区/行政区	地下水资源量									
	2001 年	2002 年	2003 年	2004 年	2005 年	2006 年	2007 年	2008 年	2009 年	2010 年
西辽河下游区间	21.18	21.20	26.29	23.67	28.69	24.14	19.23	25.32	19.76	29.00
乌力吉木仁河	8.87	8.88	8.13	9.21	9.78	7.99	7.30	8.61	7.09	8.77
西拉木伦河及老哈河	5.20	5.20	5.97	4.99	5.35	5.06	5.05	5.85	4.38	6.46
合计	35.25	35.28	40.39	37.87	43.82	37.19	31.58	39.78	31.23	44.23
四平市	0.70	0.71	1.31	1.16	1.78	1.19	1.05	1.47	0.99	1.73

续表

三级区/行政区	地下水资源量									
	2001年	2002年	2003年	2004年	2005年	2006年	2007年	2008年	2009年	2010年
白城市	0.40	0.41	0.61	0.61	0.95	0.63	0.57	0.75	0.66	0.74
松原市	0.28	0.28	0.51	0.27	0.43	0.25	0.23	0.38	0.26	0.55
兴安盟	1.80	1.80	1.74	1.48	2.42	1.88	1.49	1.60	1.40	1.85
通辽市	25.40	25.40	28.42	27.43	30.98	26.41	21.37	27.71	22.21	30.85
赤峰市	6.68	6.68	7.80	6.92	7.25	6.83	6.86	7.87	5.71	8.50

3. 水资源总量

根据松辽流域水资源调查评价报告，西辽河流域多年平均水资源总量为70.2亿m^3，产水系数为0.14，产水模数为5.19万m^3/km^2。

2001—2010年西辽河流域水资源总量显著小于多年平均值，其中2005年最大，较多年平均水资源量偏少7%；2009年最小，较多年平均水资源量偏少43%，见表2.3-5。

表2.3-5　　西辽河流域水资源量　　单位：亿m^3

项　目	水资源量									
	2001年	2002年	2003年	2004年	2005年	2006年	2007年	2008年	2009年	2010年
水资源总量	56.60	52.44	58.77	55.57	65.03	53.07	45.32	58.61	40.19	58.80
地表水资源量	12.03	12.05	19.96	18.43	21.75	16.58	14.56	19.61	9.66	18.33
地下水资源量	45.93	45.54	51.05	48.93	54.83	48.19	42.73	51.09	42.23	55.54

2.4 水资源开发利用情况

2.4.1 水利工程现状

根据西辽河流域水资源公报及相关省市水资源公报，农业灌溉为主要用水对象，约占总用水量的80%以上，工业生活用水量不足20%，且主要汲取地下水，分布较为分散。本节重点介绍农业灌溉供水工程。

1. 主要灌区

根据水利综合统计年报，西辽河平原区现有万亩以上灌区43处，其中大型灌区8处，中型灌区13处，小型灌区22处。主要集中于科尔沁区、科尔沁左翼中旗、开鲁县、奈曼旗及翁牛特旗，即西拉木伦河、教来河、老哈河中下游以及西辽河、新开河两岸和两河中间区域。地表水源主要为平原区水库等蓄水、引水工程，地下水源主要依靠分散的农灌机井，主要灌区分布见表2.4-1。

2. 地表水源工程

根据松辽流域水资源综合评价报告，西辽河流域共有大型水库7座，总库容23.755亿m^3，中型水库13座，小型水库186座，总蓄水能力5.04亿m^3。其中平原区大、中、小型水库共29座，集水面积405.04km^2，兴利库容5.95亿m^3，有效灌溉面积10.8万亩。在大型水库中，除红山水库外，其他均分布在平原区。西辽河流域主要水库分布及水库主要指标见图 2.4-1 和表 2.4-2。

表 2.4-1　西辽河平原主要灌区分布

旗（县）	灌区名称	设计灌溉面积 /×10^3hm^2	有效灌溉面积 /×10^3hm^2	灌区规模 /个
科尔沁区	清河灌区、莫力庙灌区、胜利灌区、胡力海灌区、三义堂灌区	103.42	78.87	大型：3 中型：0 小型：1
科尔沁左翼中旗	都西庙灌区、乌力吉吐灌区、舍伯吐灌区、希伯花灌区、白音他拉灌区	53.98	34.46	大型：1 中型：1 小型：3
科尔沁左翼后旗	三江扬水站灌区	5.65	1.4	大型：0 中型：0 小型：1
开鲁县	台河口灌区、西辽河灌区、东来灌区、北清河灌区、黄家大院灌区	84.8	84.05	大型：2 中型：0 小型：3
库伦旗	莫河沟水库灌区、五星灌区、泡子埃水库灌区、红旗水库灌区	5.37	4	大型：0 中型：0 小型：4
奈曼旗	舍力虎水库灌区、孟家段水库灌区、团结扬水站灌区、桥河扬水站灌区、道力歹灌区、苇连苏灌区、平安地灌区、孟公灌区、呼沁苏木灌区、西地扬水站灌区	51.75	42.16	大型：1 中型：1 小型：8
扎鲁特旗	前进灌区、乌力吉木仁草原灌区（多个小灌区）	7.71	2.59	大型：0 中型：0 小型：2
翁牛特旗	红山灌区、玉田皋灌区、白音套海灌区、龙头山灌区、联合灌区、上桥头灌区、桥头五家灌区、幸福和灌区、大兴灌区、大兴胜利灌区、高力罕灌区、小响水灌区	48.74	29.3	大型：1 中型：11 小型：0
合计		361.42	276.83	43

表 2.4-2　西辽河流域水库主要指标

水库名称	所在流域	所在省（自治区）	集水面积 /万 km^2	正常蓄水位 /m	总库容 /亿 m^3	调洪库容 /亿 m^3
红山	老哈河	内蒙古	2.45	438.57	16.19	13.36
孟家段	西辽河	内蒙古	旁侧	278.0（坝上） 273.0（坝下）	1.08	0.59
他拉干	新开河	内蒙古	旁侧	234	1.349	0.839
吐尔吉山	教来河	内蒙古	0.69	161.9	1.2	0.587
莫力庙	西辽河	内蒙古	旁侧	210.84	1.56	0.894
舍力虎	教来河	内蒙古	旁侧	380	1.18	0.504
打虎石	黑里河	内蒙古	0.05	719.3	1.196	0.576

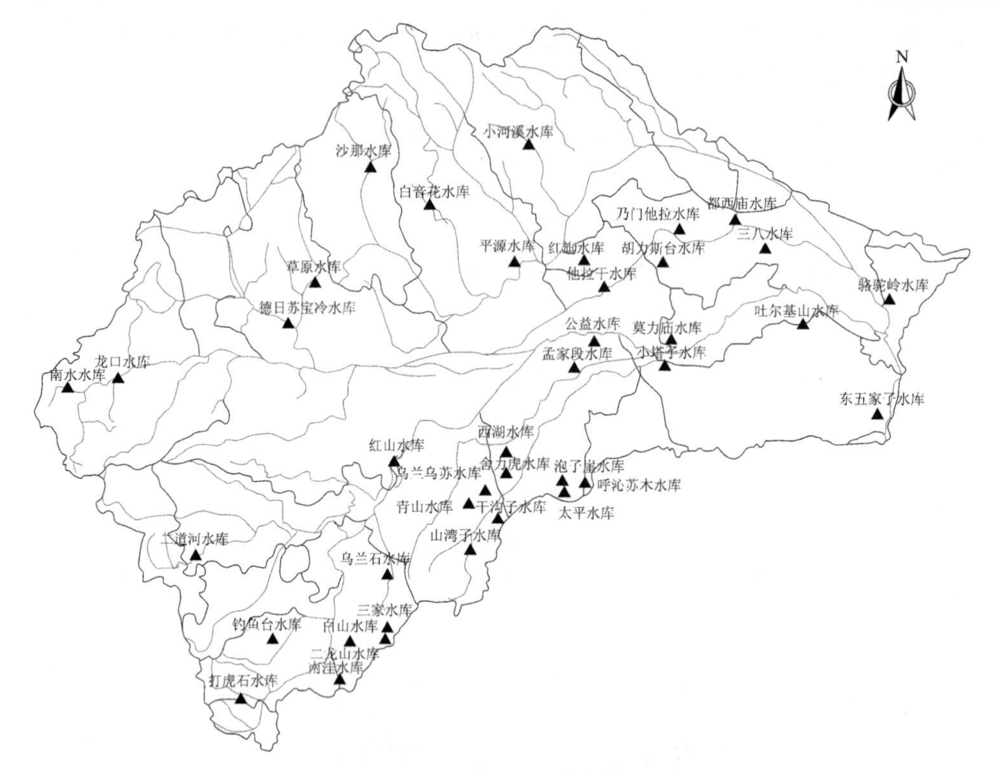

图 2.4-1 西辽河流域主要水库分布

西辽河平原区现有引水工程 191 座，供水能力 70716 万 m^3。区域内干、支渠总长 3721.77km，但防渗渠道较短，仅为 221.1km。各旗（县）详细数据见表 2.4-3。

表 2.4-3　　西辽河平原引水工程与渠道数据

县　旗	引　水　工　程			灌区干、支渠道		
	数量/座	设计供水量/万 m^3	实际供水量/万 m^3	总长度/km	防渗长度/km	防渗率/%
科尔沁区	3	4432	2000	272.8	19.8	7.25
科尔沁左翼中旗	5	16200		304		
科尔沁左翼后旗	2	11466		99	3	3.03
开鲁县	5	22684		1256	73.15	5.82
库伦旗	141	168	110	96.7	53.2	55.02
奈曼旗	10	7510	3441	525.3	22.7	4.32
扎鲁特旗	15	3045	1854	78	2	2.56
翁牛特旗	10	5211		1089.97	47.25	4.33
合　计	191	70716	7405	3721.77	221.1	5.94

3. 地下水灌溉水源工程

自 1973 年起，西辽河平原共历经四次机电井的大规模发展。第一次为 1973—1979 年，以年均 5000 眼的速度增加机电井；第二次为 1988—1991 年，每年以 5000～6600 眼的速度发展；第三次为 1999—2005 年，每年以 8500～9500 眼的速度发展；第四次为 2005—2011 年，每年以 10000～13000 眼的速度发展。2011 年以后，西辽河平原机井数相对保持稳定，但随着地下水位的下降，原有机井大量废弃，至 2018 年共有灌溉机电井 15.49 万眼，其中有效灌溉机电井 12.49 万眼。近几十年内西辽河平原区机电井的发展历程如图 2.4-2 所示。可以看出，在 2000—2011 年期间，机电井年新增数量约为 1973—1991 年时段的两倍。大量地开采地下水进行灌溉导致了研究区地下水位埋深的逐年增加。

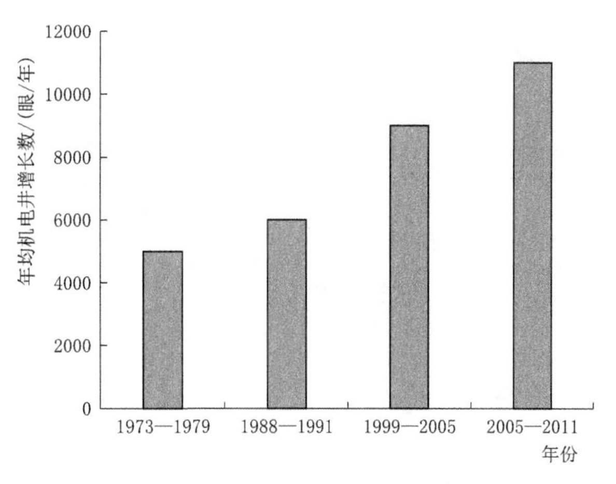

图 2.4-2　西辽河平原机电井发展历程

西辽河流域现有地下水灌溉井 14.63 万眼，可供水 43.79 亿 m³。平原区配套 7.11 万眼，有效灌溉面积 672.02 万亩，电配井有效灌溉面积 279.45 万亩，其中纯井灌面积 114.02 万亩；机配井有效灌溉面积 392.57 万亩，其中纯井灌面积 285.36 万亩。喷滴灌面积 49.68 万亩，其中电灌面积 2.01 万亩，机灌面积 47.67 万亩。

2.4.2　供用水概况

1. 供水量

2001—2010 年西辽河流域总供水量在 48 亿～55 亿 m³ 范围内浮动，年际间变化不大（表 2.4-4）。其中，地下水是主要供水水源，年均供水量维持在 40 亿 m³ 左右，近十年呈缓慢下降趋势，与西辽河流域加强地下水开采控制措施有关。地表水供水量年际间变化较大，在 9 亿～15 亿 m³ 间浮动。其中 2004 年、2007 年地表水供水偏少，因为这两年降水量偏少，水库蓄水不足。

表 2.4-4　　**西辽河流域 2001—2010 年实际供水量**　　单位：亿 m³

年份	地表水供水量	地下水供水量	总供水量
2001	15.12	40.08	55.20
2002	15.16	40.31	55.47
2003	12.86	40.24	53.10
2004	8.95	39.37	48.32
2005	9.27	39.88	49.15
2006	10.01	41.59	51.60
2007	8.66	42.13	50.79
2008	9.04	40.27	49.31
2009	10.3	39.2	49.50
2010	10.68	38.09	48.77

浅层地下水是西辽河流域的主要供水水源。2010 年浅层地下水供水量为 37.60 亿 m^3，深层地下水供水量为 0.49 亿 m^3（集中于山区的赤峰市林西县）。西辽河流域主要供用水量位于西辽河下游区间和通辽市（表 2.4－5），分别占流域总供水量的 54% 和 85%。

表 2.4－5　2010 年西辽河流域供水量　单位：亿 m^3

三级区/行政区	地表水供水量	地下水供水量	总供水量
乌力吉木仁河	1.82	4.81	6.63
西拉木伦河及老哈河	7.39	8.48	15.87
西辽河下游区间（苏家堡以下）	1.47	24.80	26.27
合计	10.68	38.09	48.77
兴安盟	0.07	0.47	0.54
通辽市	8.12	33.38	41.50
赤峰市	2.02	2.40	4.42
四平市	0.22	0.60	0.82
白城市	0.01	0.34	0.35
松原市	0.01	0.02	0.03
承德市	0.22	0.44	0.66
朝阳市	0.01	0.44	0.45

2. 用水量

2001—2010 年西辽河流域总用水量在 48 亿～56 亿 m^3 间变化，用水量最多为 2002 年，用水量最小为 2004 年（表 2.4－6）。

表 2.4－6　西辽河流域 2001—2010 年实际用水量　单位：亿 m^3

行业	实际用水量									
	2001 年	2002 年	2003 年	2004 年	2005 年	2006 年	2007 年	2008 年	2009 年	2010 年
农田灌溉	45.25	45.42	43.08	40.36	39.93	40.85	39.67	38.12	37.83	37.08
林牧渔	4.95	4.98	5.90	4.52	4.39	4.85	4.55	4.39	4.43	3.73
工业	1.80	1.93	2.29	1.68	2.83	3.54	3.84	4.08	4.40	4.70
城镇生活	1.84	1.79	0.93	1.02	1.14	1.36	1.56	1.54	1.60	1.95
农村生活	1.16	1.17	0.89	0.62	0.75	0.82	0.99	1.01	0.92	1.05
生态环境	0.19	0.19	0.00	0.12	0.11	0.17	0.18	0.16	0.32	0.27
合计	55.19	55.48	53.09	48.32	49.15	51.59	50.79	49.30	49.50	48.78

农田灌溉用水是西辽河流域主要的用水行业，约占总用水量的 80%；其次为林牧渔业用水，约占 9%；工业用水约占 6%；城镇生活和农村生活用水分别占 3%和 2%；生态环境用水在总用水中比例很小。

2001—2010 年，农田灌溉与林牧渔业用水逐年减少，工业用水量迅速增加，城镇生活和农村生活用水基本稳定，用水量略有上升，生态环境用水量在前 8 年保持稳定，2009

年和 2010 年迅速增加。

2.4.3 地下水埋深变化

通辽市是西辽河平原主体部分，也是地下水主要开发利用的区域，随着工农业用水的增加，地下水资源的开采量也逐渐增大，地下径流量逐渐减少，地下水埋深增加。利用观测井数据分析西辽河平原主体通辽市域 1998—2007 年地下水埋深情况，对比 1998 年和 2007 年通辽市平原区地下水埋深等值线也可说明此结果，1998 年通辽市地下水最深埋深 6m，大部分地区地下水埋深为 2～4m，到 2007 年末最大已达到 12m，大部分地区地下水埋深为 4～6m，与 1998 年相比呈明显的增加趋势，见图 2.4-3。

(a) 1980年　　(b) 2018年

图 2.4-3　西辽河平原地下水埋深等值线变化图

根据西辽河平原区 74 眼地下水观测井监测资料数据，地下水埋深整体而言呈增加趋势，1980 年西辽河平原区平均地下水埋深为 2.33m，至 2018 年末增加到 7.55m，地下水埋深年增加速率为 0.13m/年（图 2.4-4）。在 2000 年以前，地下水埋深增加趋势不明显，地下水埋深在 2～4m 之间，多年平均埋深约为 2.6m。2000 年以后，地下水埋深明

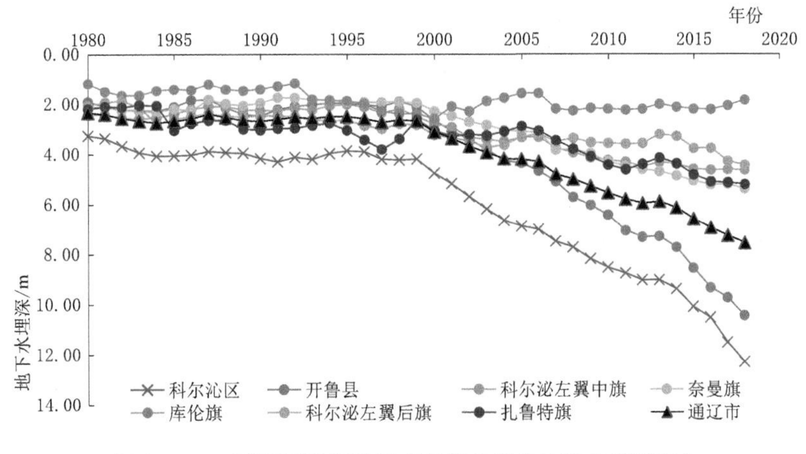

图 2.4-4　西辽河平原通辽市各旗县平均地下水埋深变化

显增加，平原区平均埋深增加约 5m。

随着灌区面积的不断扩大，灌溉机井数量的增加，地下水过度开采，科尔沁区和开鲁县作为灌区分布最多的两个区（县），地下水埋深增加最为明显。科尔沁区地下水埋深变幅最大，从 1980 年的 3.2m 增大至 2018 年的 12.29m。地下水位的急剧下降使得地下水无法通过毛管上升作用到达根系层补给植被，从而导致科尔沁区和开鲁县草原的退化和破碎化，草原群落退化严重。而扎鲁特旗、科尔沁左翼后旗等牧业占主导的旗（县）地下水埋深增大幅度明显小于农业主导的旗（县），地下水埋深在 4m 以内。现存受人为干扰较少的保持天然属性的草原主要分布在扎鲁特旗和科尔沁左翼后旗。

第3章　半干旱区水文循环与生态效应

3.1　基本理论

半干旱区地势平缓、河流稀少、蒸发强烈，水文循环与生态系统有着非常密切的联系，其核心是围绕地下水补给与耗散的垂直水文循环。降水入渗补给地下水，支撑地表植被，在地带性沙地上形成非地带性草原。半干旱区平原区和山丘区降水量没有明显的差异，平原区地下水补给主要依赖当地降水。根据资料观测，如西辽河平原，自然条件下仅有少量出山口地表径流通过河道渗漏补给平原区地下水。在水土资源开发利用的影响下，平原河道干涸，降水及灌溉回归水几乎成为仅有的平原区地下水补给来源（李志等，2009）。由于地下水位大规模下降，驱使草原非地带性植被向地带性植被演替，出现生态演变。以图3.1-1示意诠释要点。

自然条件下，半干旱区水文循环围绕地下水补给与耗散进行，与之密切相关的生态系统随之响应。降水是平原区地下水主要补给来源，平原区基本不产地表径流，仅有少量的河道渗漏补给地下水；大气降水入渗补给地下水，潜水蒸发补给地表植被。由“降水-地表蒸发、入渗补给地下水-潜水蒸发-植被蒸腾、土壤蒸散发”构成稳定的垂直水文循环链。在水文循环支撑下，地带性沙地由受潜水蒸发补给的非地带性植被覆盖，形成植物种类丰富、群落多样且分布广阔的草原。

农牧交错条件下，半干旱区依赖地下水发展灌溉，水土资源的开发导致垂直水文循环发生深刻改变甚至是颠覆性的变化，草原生态系统结构也随之改变。一方面，地下水的补给耗散结构产生分化改变，地下水补给与耗散在时空上分离：灌区地下水的入渗补给由降水加入了灌溉回归水，而地下水耗散改变为人工化，主要是农作物耗水和其他经济社会耗用水；牧区潜水蒸发也发生空间上的分化：灌区开采地下水导致地下水位下降，影响一部分草原区域地下水与地表植被失去联系，潜水蒸发受阻，使得失去土壤、植被蒸散蒸腾的最后一环。与此相应的另一方面，生态系统也随之发生结构性改变：灌区为人工生态；牧区天然草原在灌区挤压和地下水位下降双重作用下萎缩并且破碎化，植被演替分化、植物种减少、多样性下降，导致天然草原裂变成农灌区、人工草地、天然草原、退化草地、演替草地、沙地等多元生态格局。随着地下水开采强度增大，这种分化的态势愈发明显，沙地面积不断扩大，植物种几乎消亡殆尽，最终将导致灌区被沙地包围的局面。不少地方，如西辽河平原，生态格局已出现这种明显的趋势，天然草原濒临灭绝。

半干旱区农牧交错带水文循环与生态系统的安全的本质，是保障其具有一定程度的自然属性而不至于出现结构性崩溃。其核心问题是保持垂直水文循环的畅通，表现在地下水

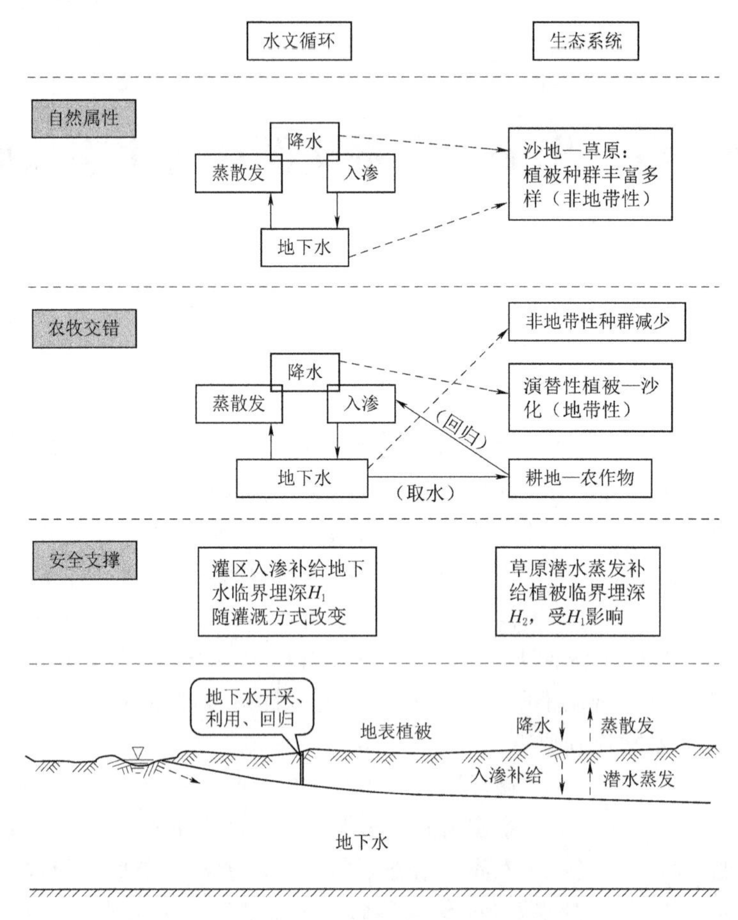

图 3.1-1 半干旱区水文循环与生态效应理论

的补给与耗散两个关键环节：①在地下水补给的一端保障降水入渗对地下水的补给能力，需要在灌区维持入渗补给能到达的地下水位，这是向下的矢量，其最低限度为地表入渗补给地下水临界潜水埋深；②在地下水耗散的一端保障潜水蒸发对地表植被的补给能力，需要在牧区维持能够支撑非地带性植被吸收水分的地下水位，这是向上的矢量，其最低限度为地下水补给地表植被临界潜水埋深。

以地下水补给与耗散为核心的垂直水文循环与生态效应具有鲜明特色，是半干旱区生态水文学的理论基础。不同于以大气降水-地表水-土壤水-地下水全空域“四水转化”的华北半湿润区，也不同于山区产流、平原消耗、出山口径流支撑生态圈层结构的内陆河干旱区。

3.2 生态水文自然属性

3.2.1 地下水为核心的垂直水文循环

半干旱区平原地势平缓，降水空间分布相对较均匀，河流稀少，砂质土壤孔隙发育好，降水入渗强烈，基本上不产生地表径流，在低洼地带有地下水溢出形成湿地（杨培岭，2005）。在自然条件下，以地下水的补给耗散为中心，由降水-地表蒸发、入渗补给地下水-潜水蒸发-植被蒸腾、土壤蒸散发构成水文循环的重要环节。由于地表径流运动微弱，即使暴雨之后的低洼地带形成没有流动的临时性水泡子，随后也会入渗补给地下水而消失，各水文要素在循环交换中显示出垂直运动特征，故可形象地称为垂直水文循环。降水是半干旱区地下水最主要的补给方式。仅有少量的河道渗漏补给地下水，如西辽河平原河道渗漏补给地下水主要发生在行洪期，占补给总量的7%～27%。潜水蒸发是半干旱区地下水最常见的排泄方式，在包气带中形成土壤水，被地表植被根系吸收利用及土壤散发。

半干旱区水文循环呈现两大特点：①平原降水基本不产生地表径流，以垂向入渗为主，地下水补给充足；②潜水蒸发活跃，是地表植被水分的主要来源。

3.2.2 非地带性植被主导的群落多样化

半干旱区200～400mm降水条件下，地带性生态为草本植被稀少的沙地。由于降水补给充分，地下水活跃，在潜水蒸发支持下，发育形成由植物种类丰富、群落多样且分布广阔的非地带性天然草原，非地带性植被占据主导地位。按植被与径流的依赖关系，植被大致可分为非地带性植被、地带性植被、具有过渡性质的植被三大类。非地带性植被完全依赖地下水，在地下水支撑下，非地带性植被占绝对优势，具有强烈的局地性，物种多样且丰富，构成草原群落的主体。当失去地下水补给时，植被将迅速消亡。地带性植被数量较少，分布广阔，不依赖地下水，依靠降水存活，是沙地的主流植物种。过渡性植被具有地带性和非地带性过渡特征，地下水与降水共同补给，在地下水条件较好时，生长茂盛，在地下水条件较差时也能依赖降水存活，在空间分布上介于上述二者之间。这种分类也只是相对而言，事实上任何一种植被都兼具地带性和非地带性属性，理论上讲只有极少数植物种可以不需要降水以外的水分补充。

植被的地带性或非地带性的属性强弱与植被自身基因相关。当地下水位下降、径流条件弱化时，植物种按非地带性属性由强至弱的顺序消亡，说明可以以植被演替顺序为依据，找出草原生态演变的路径。

根据不同时期植被资源调查资料的整理分析，覆盖西辽河平原的科尔沁草原19世纪60年代尚有1112种植被，20世纪80年代初仍然有917种植物种，这时可认为较接近自然状态。917种植物种分属于108科、412属。其中科尔沁左翼后旗植物种多样性最丰富，有近400种植被；扎鲁特旗、阿鲁科尔沁旗有植物种320～350种；西辽河平原中部开鲁县、科尔沁区和科尔沁左翼中旗多灌区植物种相对较少，约有200～230种。上述区域之间的植物种重复较少，局地性显著，这充分说明是以非地带性植物种为主流，同时也意味着在地下水位大规模下降的条件下，这些植物种最容易消失。本项研究连续多年的野外详细调查对此提供了充分的证据。

3.3 农牧交错下生态水文的结构性改变

半干旱区水土资源的开发利用对水文循环的改变显著主要表现在农牧区格局的形成与演变。根据半干旱区资源禀赋条件，农业灌溉主要依赖地下水，从无到有并持续发展成为主要产业，形成农牧交错的生态格局，农牧业主次关系的转变更进一步导致水文循环和生态格局的巨大改变。水土资源的持续开发导致水文循环发生深刻改变甚至是颠覆性的变化，草原生态也随之改变。

3.3.1 地下水补给耗散结构的改变

半干旱区地表水的利用主要是通过河道直接引水或水库季节性蓄水供农业灌溉，所占比例很小，水资源的开发利用以地下水为主。随着灌区的大规模发展，地下水持续开发利用导致垂直变化水文循环发生改变，最显著的是地下水补给耗散结构在时空上产生分化：①灌区的地下水补给条件发生变化，地下水的入渗补给由降水加入了灌溉回归水；②随着灌区大规模发展导致地下水位下降，入渗补给地下水的能力削弱，导致降水入渗补给量减少，最终可能导致降水入渗无法补给地下水含水层；③灌区地下水耗散改变为人工化，主要是农作物耗水和其他经济社会耗用水。地下水位下降也影响和改变牧区地下水耗散结构：①牧区潜水蒸发空间分布范围不断缩小；②灌区地下水位下降牵动牧区地下水下降，地下水补给地表植被的能力下降，补给量随地下水位下降而减少；③伴随地下水位下降，潜水蒸发与地表植被联系不断减弱，最终失去地下水补给地表植被的能力，导致失去植被蒸腾、土壤蒸散发的最后一环。

随着地下水位下降幅度和范围持续扩大，地下水耗散结构发生颠覆性改变。如西辽河平原（表 3.3-1），包含灌区和牧区总体，1988—2010 年降水入渗比重呈下降趋势，地下水开采比重逐步提高。如图 3.3-1、图 3.3-2 所示，地下水人工耗水比重提高，已经占 80%以上；潜水蒸发比重逐步减少，已经下降到不足 20%。地下水耗散结构的改变将深刻影响到生态系统的结构变化。

表 3.3-1　　西辽河平原水文循环结构逐年变化

年份	降水-径流		地下水补排量				
	降水量/mm	地表径流深/mm	总补给量/亿 m³	其中降水入渗补给占比/%	总排泄量/亿 m³	其中人工开采占比/%	其中潜水蒸发占比/%
1988	329.2	2.48	32.23	65	35.03	79	21
1989	297.1	1.92	27.96	65	39.95	74	26
1990	441.7	4.95	45.13	73	33.65	61	37
1991	471.1	14.26	66.92	76	41.99	44	53
1992	358.4	11.83	52.01	73	51.00	43	54
1993	371.9	11.45	58.99	78	51.70	42	55
1994	421.8	29.46	79.1	84	62.21	32	65
1995	325.6	18.2	47.9	74	64.90	42	55
1996	307.9	15.33	36.42	63	53.41	54	44
1997	316	9.37	36.73	59	51.31	68	31
1998	481.5	37.01	99.08	85	51.65	46	52
1999	242.2	12.14	33.66	58	63.03	58	41
2000	237.3	8.71	28.29	48	46.73	78	21
2001	228.2	1.01	15.93	35	35.65	82	17
2002	245.1	4.35	20.04	44	35.66	86	14
2003	313.8	2.39	31.52	67	32.34	78	21
2004	306.2	2.78	30.71	62	36.87	71	29

续表

年份	降水-径流		地下水补排量				
	降水量/mm	地表径流深/mm	总补给量/亿 m^3	其中降水入渗补给占比/%	总排泄量/亿 m^3	其中人工开采占比/%	其中潜水蒸发占比/%
2005	351	3.97	39.4	73	35.65	60	39
2006	271.9	3.68	29.66	63	39.62	67	32
2007	250.4	3.38	26.73	56	41.10	78	21
2008	315.7	2.61	26.31	62	36.54	79	21
2009	215.3	1.06	21.25	52	46.76	85	15
2010	354	7.52	31.76	59	38.99	85	15

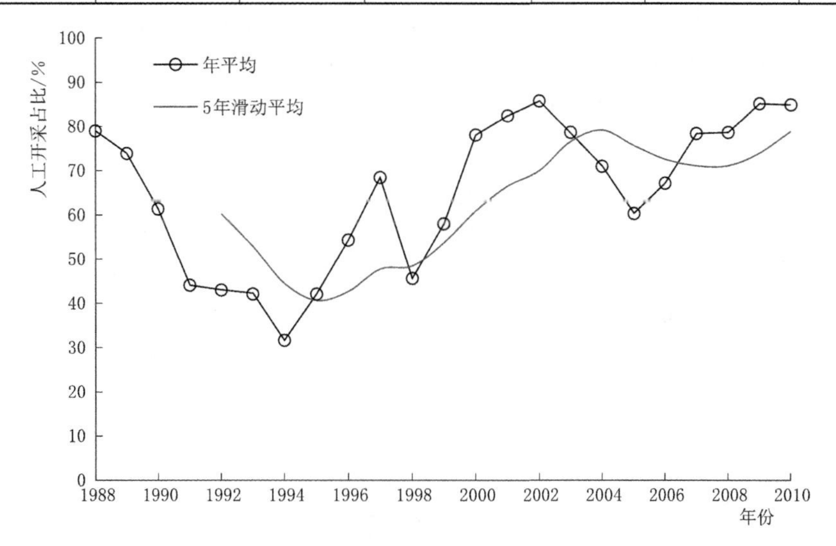

图 3.3-1　西辽河平原人工开采占地下水排泄比重变化

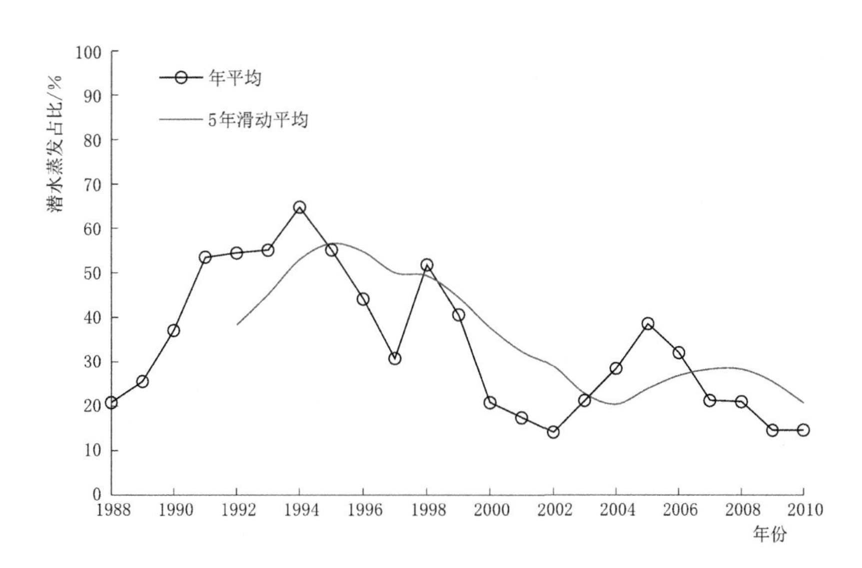

图 3.3-2　西辽河平原潜水蒸发占地下水排泄比重变化

3.3.2 生态系统结构的改变

与此对应，生态系统也发生结构性改变：首先，生态系统分化为灌区人工生态和牧区自然生态。其次，牧区天然草原在灌区挤压和地下水位下降双重作用下进一步分化裂解，天然草场种群减少，多样性下降，形成多样化的生态子系统。属于人工生态的有两类：①灌区形成由开采地下水支撑的人工生态系统，包括农作物和其他人工景观；②人工灌溉草地，本质上等同于灌区，依赖地下水灌溉种植牧草，常常是引进的单一植物种。被空间压缩的自然生态在地下水下降的拉动下萎缩并且破碎化，分化为三类：①被保留的草地植被，以非地带性植被为主流，保持自然群落的主要属性；②演替性植被，失去潜水蒸发补给的非地带性植物群落退化，被植物种较少的演替性植被取代，并持续演变，演替植物种进一步升级单一化，反映植物种减少的过程；③沙地，植被演替至顶级直至最终沙化，至此仅剩极少数适宜沙生的植物。自然生态下的天然草原裂变成农灌区、人工草地、天然草地、退化草地、沙地等多元生态格局。随着地下水开采强度的增大，这种分化的态势越发明显。

3.3.3 地下水驱动的生态格局演变趋势

半干旱区农业灌溉引发地下水位下降，非地带性植被主导的草原自然生态系统分化形成新的生态格局。生态景观的多元化结构反映了生态系统演变路径和趋势。地下水驱动的生态格局形成与演变机理如图 3.3-3 所示。

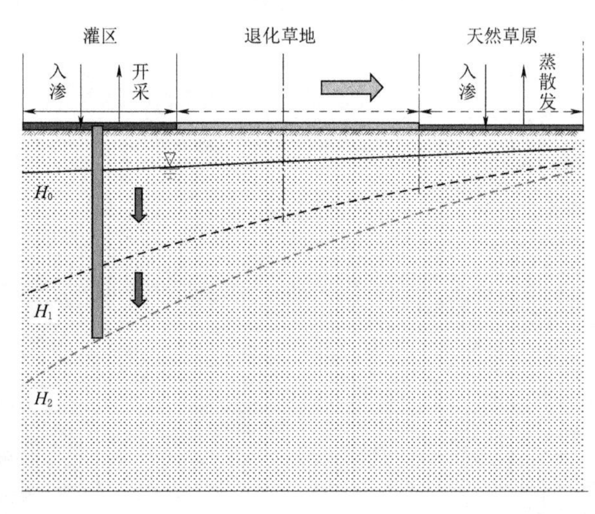

图 3.3-3 地下水驱动的生态格局形成与演化机理

以地下水补给条件描述生态单元的水文学内涵：天然草地，潜水蒸发补给非地带性植被，生物量丰富、物种多样，保持生态系统自然属性（叶庆华等，2005）；退化草地，失去潜水蒸发补给，非地带性植被向地带性植被演替，分布于灌区与天然草原之间；沙地，无潜水补给，与地下水完全失去联系，是演替的最终结果，成为地带性生态，植被稀疏，有沙丘露头。灌区、人工草地、灌溉种植经济作物，是驱动地下水位下降的主因。

随着地下水位持续下降，沙地面积将不断扩大，如无限制的发展，最终自然生态将完全消失、植物种演替达到顶级，出现灌区被沙地包围的二元格局。不少地方，如西辽河平原，已出现这种趋势，天然草地濒临灭绝，沙地急剧扩张。

1980—2017 年，西辽河平原加权平均地下水埋深由 3.84m 大幅增加为 6.13m。天然草地面积由 39933km^2 萎缩到 8404km^2，植物种由总数 917 种（108 科、412 属）减少到 256 种（52 科、169 属），自然群落数量由 25 个减少到 19 个。与此同时，沙地面积由 1247km^2 扩大到 13250km^2。

3.4 水文循环与生态安全支撑条件

3.4.1 生态地下水位

为了维持水文循环与生态系统的安全，需要保证循环结构各个节点的畅通，防止弱化甚至消失，并需要遏制生态系统结构的分化崩解。半干旱农牧交错带水文循环与生态安全的核心要素是地下水，表现在地下水的补给与耗散两端：一是在地下水形成的一端，要保障地下水的补给能力，也就是保障地表入渗对地下水的有效补给，需要维持灌区入渗补给能到达的地下水位；二是在地下水耗散的一端，要在牧区保障潜水蒸发对草原植被的补给能力，需要维持能够支撑非地带性植被吸收水分的地下水位，以保障草原生态系统的自然属性，见图 3.4-1。

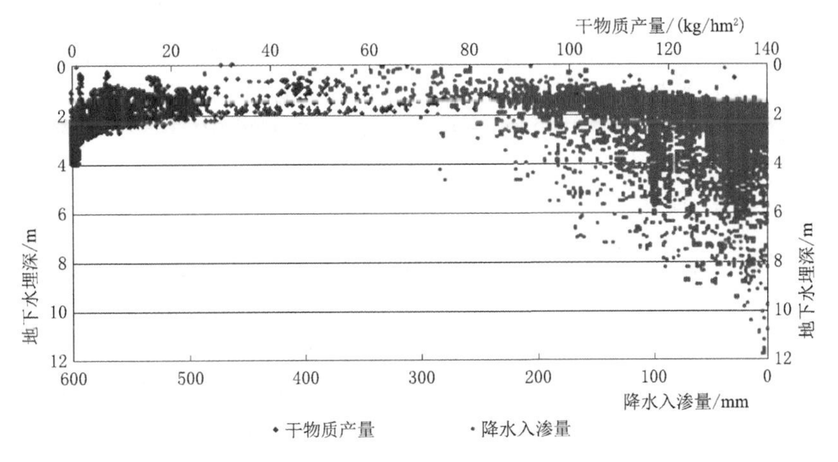

图 3.4-1　西辽河平原干物质产量与降水入渗量和地下水埋深关系

由于这两个目标分别处于地下水形成与耗散这个过程的始末两端，在水文循环上分别属于垂直向下与垂直向上的相反方向。在把草原植被作为第一位的保护目标的条件下，其生态地下水位自然涵盖了降水入渗补给地下水能力，二者得到统一。在半干旱区，抽取地下水灌溉是很常见的农业发展方式，由于灌溉发展迅速，多数情况下已不可能把草原植被作为首要目标。实际上，只要进行灌溉，通过水土资源开发利用形成的灌区已改变了地下水耗散结构，地表天然生态已被农田等人工生态取代，灌区面临的问题是保护地下水形成条件，其目标是将地下水开采力度限制在一定的程度，保持一定的地下水水位，使得地下水得到降水的有效补给，以利于地下水的永续利用。

通过以上分析，为了保障半干旱区地下水与生态安全，需要在灌区和草原牧区设定不同的保护目标。在牧区，以保护草原植被生态系统的自然属性为主要目标，需要保持地下水位高于某种水平，以保证地下水对地表生态系统的通畅补给，这是向上的潜水蒸发能力。在灌区，以保护地下水含水层为主要目标，需要保持地下水位不低于某种水平，以保证降水入渗形成的土壤水能够下渗补给地下水，这是向下的地下水补给能力。

显然，上述“某种水平”的地下水位具有临界特征，这是一种类似于标杆的临界值。

当实际发生的地下水位高于此临界值时，保护目标得以实现，当地下水位低于此临界值时，目标散失。由此，给出与地下水生成与耗散对应的两个地下水位特征值的定义，并给出其满足的条件。应该强调，上述两个临界地下水位（潜水埋深）的物理机制、性质、功能以及空间方位都有根本区别，不可混为一谈，更不能合二为一。

3.4.2 地下水位变化边界：潜水临界埋深

（1）灌区地表入渗补给地下水的临界埋深：将土壤层某处水平面定义为地表入渗补给地下水的临界埋深，地下水位在此平面之上，地下水能够吸收补充来自地面的入渗水量；当地下水位低于此平面时，任何入渗水都不可补给到地下水。地下水开采后水量无法得到补充，将破坏地下水的循环稳定。灌区的入渗水由降水和灌溉回归水组成，因此不同的灌溉方式会影响入渗水的组成，最主要是回归水，可能对入渗补给地下水临界埋深产生影响。

（2）牧区地下水补给植被的临界埋深：将土壤层某处水平面定义为地下水补给地表植被的临界埋深，地下水位在此平面之上，地表植被根系可吸收来自地下水的水分，维持地表植被生长；当潜水位低于此平面时，地表植被根系将得不到来自地下水的水分补给。地下水通常不是直接接触植被根系，而是通过潜水蒸发形成的土壤水完成对植被的补给。

3.5 比较水文学分析

我国半干旱区西侧是广阔的西北内陆河干旱区，东侧分布着黄河流域、海河流域和辽河流域中下游，为半湿润区。半干旱区在水文循环、水文与生态关系的特征上，与干旱区和半湿润区有显著的区别，形成具有过渡特征的水文循环与生态水文区域。下面以比较水文学进行分析。

1. 内陆河干旱区水文循环与生态效应

在区域降水小于 200mm 的西北内陆河干旱区（刘昌明，2004），水文循环具有以下特点：①山区与平原高差巨大，高山截流水汽，降水集中在山区，形成径流；平原地区降水量稀少，远小于蒸散发量，不产生径流。②降水-径流发生区域与径流运动区域分离，出现显著的径流形成区与径流耗散区。山区形成径流，出山口后进入平原，径流运动处于一个狭小的地带，由于没有当地径流补给，径流沿程耗散。③出山口径流形成的河流与地下水潜流场密切相关，支撑了平原地区狭小的地表植被区域，其他广阔区域则处于无流状态，形成广阔荒漠。④径流耗散区的植被需水依赖于径流补给，而无流区由于水分不足处于无植被状态。

出山口径流是平原河流及其地下水的唯一水源，平原稀少降水不产生径流。形成盆地潜流场的水源来自上游出山口径流，支撑绿洲-过渡带植被并耗散于生态系统的蒸散发。

2. 半湿润区水文循环与生态效应

年降水量普遍大于 500mm，水文循环具有以下特点：①上游山区产汇流集中，山间盆地地下水丰富，地表水与地下水转化频繁。②山前平原，地表、地下水交换频繁，以地下水补给地表水为主。③下游平原，地表水与地下水相互转化，以地表水补给地下水为主；自然状态下，枯季地下水对河道调节补给作用重大，是平原河流的支撑。④降水支撑植被，与径流关系微弱，河道径流与地下水状况密不可分，形成河湖与地下水连通的流域整体生态系统。

简而言之，平原地区河流水源既来自上游下泄，又由当地降水径流汇入，还受地下水补给。地下水与河道径流交换频繁，关系密切。

3. 半干旱区水文循环

半干旱区降水量大致处于200～400mm的范围，水面蒸发大于1000mm，水文循环具有上述两类区域的过渡特点：①山区与平原高差相对不大，降水分布相对较平均。②山区降水径流活跃，发育河流、山间河谷地下水丰富，交换频繁；平原地势平缓，以沙性土壤为主，孔隙发育，降水入渗强烈，地下水补给稳定。③平原河道宽浅，河道水源来自上游下泄，蒸发入渗活跃，天然情况下是平原地下水补给来源之一。④降水支撑半干旱草原，地带性植被为中低盖度草原，在平原地下水补给作用下，发育非地带性高盖度草原。

半干旱区水文循环特点是：平原为降水-地表蒸发、下渗补给地下水-潜水蒸发-植被土壤蒸腾发的垂直水文循环，降水只产生地下水；生态系统支撑条件及生态效应为地带性植被与非地带性植被并存，草原非地带性植被由降水入渗形成的潜流场支撑；在水土资源利用等人工干扰下，地下水位下降，导致草原非地带性植被向地带性植被演替。垂直水文循环描述的是地下水形成耗散运动的全过程，在这个过程中由于没有水平运动项，故称为垂直水文循环。又由于地下水形成耗散等运动过程与地表植被生态密切相关，形成独特的生态效应，因此垂直水文循环具有独特的生态水文内涵。

半干旱区水文循环及生态效应与相邻的西北内陆河干旱区有很大区别。①径流形成与耗散：干旱区山区产流、平原消耗，平原区不产流，出山口径流进入平原入渗补给地下水；半干旱区平原降水入渗活跃、地下水补给条件充足，形成降水、入渗、潜水蒸发的垂直循环模式。②生态系统：干旱区地带性生态为荒漠戈壁，在出山口径流的有限支撑下形成以径流运动为中心的由非地带性植被向地带性渐进过渡的绿洲、绿洲荒漠交错过渡带、荒漠生态圈层结构；半干旱区地带性生态为植被稀少的沙地，其在当地降水补给的地下水支撑下形成几乎覆盖全境的多样性丰富的非地带性植被草原。③水资源开发利用与生态演变：干旱区由于地表水与地下水都来自出山口径流，因此水资源开发利用都会削弱生态圈层结构，导致过渡带萎缩直至消失、荒漠化面积扩张直逼绿洲，同时绿洲内部由于灌溉排水不畅常常造成土壤盐渍化；半干旱区开采地下水灌溉会拉低草原牧区地下水水位，造成草原生态分化甚至裂解。应该指出，半干旱区草原地下水补给植被的原理与干旱区绿洲、过渡带的植被补给原理一致，只是水源形成和驱动不同，失去地下水支撑的地表植被，在半干旱区是被演替退化，在干旱区是直接消失。

显然，半干旱区与黄河中下游、海河和东辽河组成的半湿润区有更大的差别（陈敏建等，2006；王高旭等，2009），但半干旱区降水入渗补给地下水原理在半湿润平原区相近，只是影响因素有差别。因此半干旱区是具有介于干旱区、半湿润区之间过渡特征的生态水文区域。

半干旱区生态水文比较分析见表3.5-1。

表 3.5-1　　半干旱区生态水文比较分析

区域类型	降水条件	水文循环	自然生态效应	人工干扰变化	水-生态安全核心问题
内陆河干旱区	P<200mm	山区产流、平原耗散；蒸发强烈	生态圈层结构：出山口径流形成的潜流场支撑非地带性植被	潜流场收缩，生态圈层结构脆弱化：人工绿洲扩大、过渡带消退、荒漠扩大	生态圈层结构稳定，保证过渡带植被，固化荒漠边界
半干旱区（西辽河等）	200mm<P<400mm	平原垂直水文循环：降水-蒸发-下渗，只产生地下水	草原：非地带性植被由降水入渗形成的潜流场支撑	地下水位下降，灌区扩张，非地带性植被向地带性植被演替，沙化	维持支撑植被的生态地下水位；控制降水入渗补给的地下水位
半湿润区（黄河、海河、淮河、辽河下游）	400mm<P<600～800mm	山区平原都产生地表和地下径流；地表水与地下水转化频繁	地带性植被；河湖与地下水连通的整体生态	包气带增厚，降水径流关系改变，地表水地下水转化关系逆转；平原河道干涸、断流，湖泊湿地消失	维持河道湖泊湿地生态需水，保证相应地下水水位（埋深）

第 4 章 灌区地下水补给与临界埋深

半干旱区农牧交错带灌区地下水补给来源包括降水和灌溉回归水，少有地表径流加入，其中降水为主要入渗水量，灌溉回归水可以当作一个常量，要保障地下水的补给能力，实现地下水资源的合理开发利用，关键是保障地表入渗对地下水的有效补给能力。因此根据地表入渗补给地下水的机理，构建灌区地表入渗补给地下水包气带模型，对地表入渗补给地下水的土壤水分运移过程和补给的临界埋深条件开展定量分析。

4.1 入渗补给地下水包气带水分运移原理

4.1.1 入渗机理与包气带模型

降水经过地表植被截留后到达地面，受土壤性质的影响，到达地面的降水一部分形成地表径流，一部分渗入土壤，渗入土壤中的部分即为降水入渗部分。降水期间，在重力、毛管力、分子力等的作用下，入渗到土壤中的水分不断向下运移，在土壤层中由上至下形成含水率逐渐降低的水分带，依次为饱和带、水分传递带、湿润带和湿润锋。湿润锋是下渗水尚未涉及的土壤的上边界。由于湿润锋以上的土壤含水率较大，在饱和下渗理论中常常将其概化为饱和含水率，并认为湿润锋向下移动的条件是这部分土壤达到饱和含水率，下渗过程中土壤水分剖面随时间的变化形如汽缸中的活塞不断地沿深度方向推进。降水过程结束后，降水入渗的湿润锋仍存在，受土壤水势梯度的影响，上层土壤水分将继续向下运动，湿润锋仍继续推移，形成土壤中水分的再分配，使得土壤中湿润的深度越来越深，但湿润锋以上的土壤含水率逐渐减小，土壤水势梯度减小，湿润锋推移速度也逐渐减缓（林成谷，1983；秦耀东，2003）。

本章根据上述入渗机理，将地面水向下渗入土壤的过程概化为两个阶段。首先，在土壤最上层形成入渗饱和层，成为下渗水源；随后，受土壤水势梯度的影响，饱和层中土壤水进入非饱和层向下继续入渗，含水率沿程递减。

再分配阶段，湿润锋以下的土壤仍处于初始相对干燥的状态，湿润锋以上受入渗的补给处于相对湿润的状态，下部干燥土壤自上部吸取水分，形成湿润锋的推移。在非饱和层的入渗再分配过程中，湿润锋推移有两个特点：①湿润层厚度增加，水分逐渐减小，干土层水分增加，二者之间的土水势梯度逐渐减小；②湿润层水分减小，水力传导度相应减小，这二者共同引起速度的减小。至湿润锋推移速度趋于 0 时，再分配过程结束。

湿润锋运移速率趋近于零的位置，对应的是最大入渗深度。如果地下水位在此位置之上，地下水将获得补给，显然与入渗补给地下水临界埋深定义相吻合，因此将其作为地表入渗补给地下水临界埋深。据此原理以跟踪湿润锋运移路径建立包气带入渗补给地下水临界埋深计算模型，见图4.1-1。

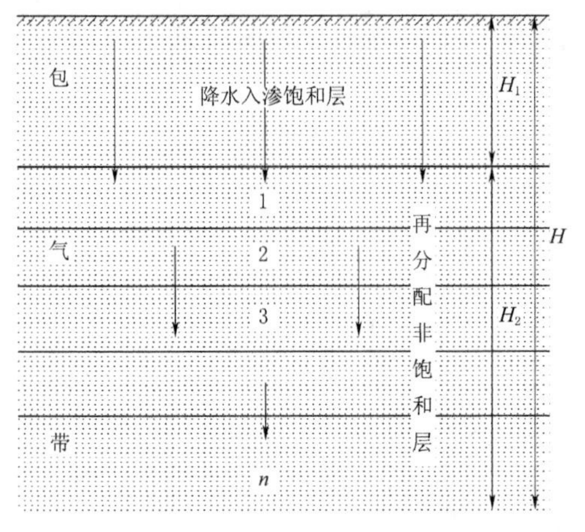

图4.1-1 入渗补给地下水包气带水分运移模型

根据入渗过程将包气带进行划分，分为两个基本部分：一是接地表的饱和层，二是再入渗非饱和层。H 为入渗的最大深度，湿润锋运移速率为 v，土壤初始含水率为 θ_0，饱和含水率为 θ_s。在表层为饱和入渗，利用饱和入渗公式计算，当 $\theta=\theta_s$ 时为饱和入渗的最大入渗深度 H_1；接下来按照非饱和入渗，利用非饱和入渗公式计算湿润锋运移速率，按计算步长将再入渗非饱和层进一步划分为 n 层，当湿润锋运移速率 $v=\Delta H/\Delta t\to 0$ 时，对应的深度为非饱和入渗最大深度 H_2。

在灌区地表水入渗过程中，土壤初始含水率、供水量（降水量+灌溉回归水量）决定着水量下渗深度。不同的灌溉方式对降水入渗深度可能有一定影响，一是不同灌溉方式的回归水有差别，影响着入渗过程中的供水量，二是如果采用膜下滴灌还可能影响降水实际入渗。与其他灌溉方式相比，膜下滴灌最主要的不同之处就是覆膜起垄。地表覆膜条件下，雨后地表雨水汇集在垄沟中然后再向下入渗。相比较，无覆盖条件下降水直接垂向入渗，地表覆膜条件下降水在垄沟处入渗，由于水势差的原因，会出现垂向和横向二维入渗过程，导致饱和层形成迟缓，并在非饱和下渗初始阶段出现差异，如图4.1-2所示。为此本研究设置了田间原位试验观测进行实证对比分析。

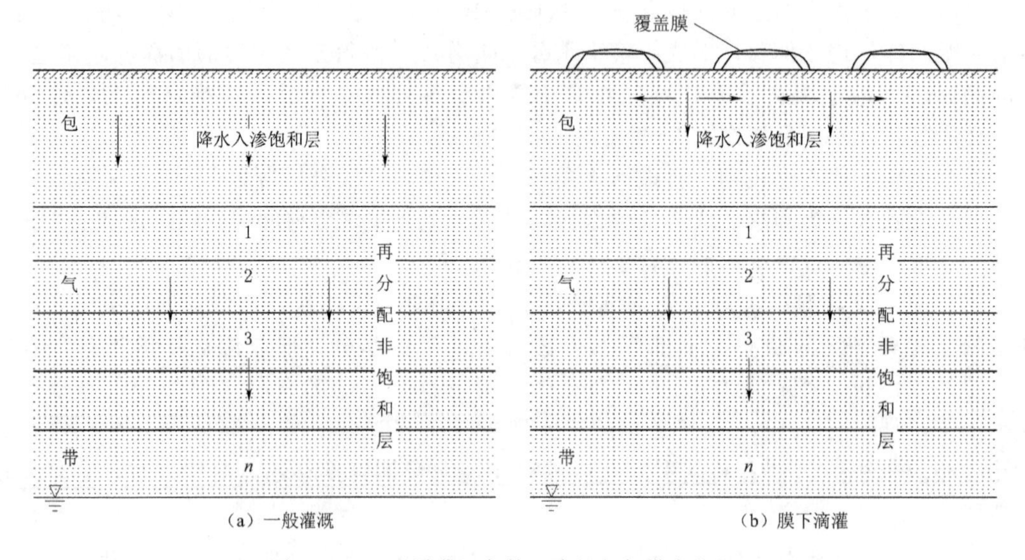

图4.1-2 不同灌溉条件入渗的包气带变化机理

4.1.2 入渗补给地下水临界埋深计算方法

根据上述构建的包气带模型，跟踪湿润锋运移路径，模拟计算降水入渗补给地下水临界埋深，形成计算思路如图 4.1-3 所示。将计算划分为两个阶段：降水入渗饱和层的深度计算和非饱和层土壤水再分配阶段的入渗深度计算。在降水入渗阶段，土壤水分运动采用饱和土壤水运动方法。在土壤水进入再分配阶段，采用非饱和土壤水运动方法，通过土壤分层，计算土壤水再分配阶段的入渗深度（马建林，1991）。

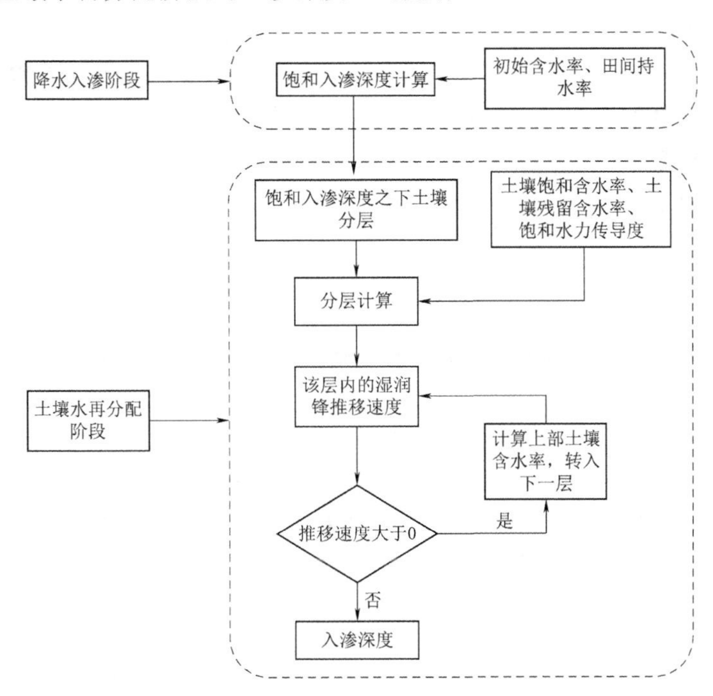

图 4.1-3 降水入渗深度计算思路

降水入渗阶段，采用饱和入渗理论，计算降水期间土壤含水率的改变，进而推断入渗土壤层的厚度。考虑西辽河平原土壤质地，饱和入渗的边界条件取土壤的饱和含水率，即当天降水自表层向下逐层补充土壤含水率，当上层土壤含水率达到饱和含水率时，则继续向下层补充，直至实现上层均达饱和含水率的深度，根据水量平衡原理，其计算公式为

$$H_{P}=\frac{F}{\theta_{s}-\theta_{0}}/1000 \qquad (4.1-1)$$

式中：H_P 为饱和入渗过程中湿润锋位置，m；F 为降水入渗量，m；θ_s 为土壤饱和含水率，cm^3/cm^3，可用百分比表示；θ_0 为土壤初始含水率，cm^3/cm^3，可用百分比表示。

土壤水再分配阶段，采用非饱和入渗理论，以非饱和土壤运动的达西定律为基础，按照土壤分层的方法，以每个土层为一个计算单元，土层上部为湿润锋位置，土层含水率为初始含水率，当一个单元运动结束后，进入该单元的下边界，即下一个计算单元的上边界。此时湿润锋已向下推移一层，湿润锋以上土壤含水率仍为非饱和的均匀分布，受梯度势差的影响，湿润锋继续推移，直到某一时刻湿润锋面进入下一个计算单元时其推移速度趋近于0，即停止向下推移。根据达西定律，结合土壤含水率条件，假设 t 时刻湿润锋推移到第 i 层，湿润锋面在第 i 层内推移的速度和湿润锋上部土壤含水率表示为

$$v=-\frac{K(\theta_{i-1})+K(\theta_i)}{2}\left(\frac{\psi_{m,i}-\psi_{m,i-1}+\psi_{m,i}-\psi_{m,i-1}}{\Delta z}\right)=\frac{K(\theta_{i-1})+K(\theta_i)}{2}\left(\frac{h_{m,i}-h_{m,i-1}+\Delta z}{\Delta z}\right)$$

$$\theta_t=\theta_{t-1}\frac{h_{t-1}}{h_{t-1}+\Delta z} \tag{4.1-2}$$

式中：θ_t 为 t 时刻湿润锋上部的土壤含水率，cm^3/cm^3；θ_{t-1} 为 $t-1$ 时刻湿润锋上部的土壤含水率，cm^3/cm^3；h_{t-1} 为 $t-1$ 时刻湿润层厚度，m；Δz 为土壤分层厚度，m。

在这一推移速度的计算中，非饱和水力传导度和基质势是其计算的两个关键参数。这两个参数都与土壤含水率密切相关。

（1）土水势与土壤含水率的关系方程。

1）Gardner 经验公式（1968年）：

$$\psi_t=a\theta^b \tag{4.1-3}$$

式中：ψ_t 为土水势，mm；θ 为土壤容积含水率，cm^3/cm^3；a、b 为经验系数，无量纲。

2）Visser 经验公式（1969年）：

$$\psi_t=A\frac{(f-\theta)^n}{\theta^m} \tag{4.1-4}$$

式中：A、m、n 为经验系数，可利用非线性方法计算或从 Visser 提出的列线图查找，无量纲；f 为土壤孔隙度，cm^3/cm^3。

3）Cardner、Hillel、Benyamini 经验公式（1970年）：

$$\psi_t=\psi_e\left(\frac{\theta}{\theta_s}\right)^b \tag{4.1-5}$$

式中：ψ_e 为吸附势，mm；θ 为土壤容积含水率，cm^3/cm^3；θ_s 为土壤饱和含水率，cm^3/cm^3；b 为系数，可从试验结果的对数坐标中求得。

4）Van Genuchten 公式。Van Genuchten 根据土壤水与吸力之间的关系，构建了土壤水分特性曲线，即

$$\theta=\theta_r+\frac{\theta_s-\theta_r}{[1+(\alpha h)^n]^m} \tag{4.1-6}$$

也即

$$h=\frac{1}{\alpha}\left[\left(\frac{\theta_s-\theta_r}{\theta-\theta_r}\right)^{\frac{1}{m}}-1\right]^{\frac{1}{n}} \tag{4.1-7}$$

其中

$$m=1-\frac{1}{n}$$

式中：h 为土壤吸力，cmH_2O；θ_s 为土壤饱和含水率，cm^3/cm^3；θ_r 为土壤凋萎含水率，cm^3/cm^3；θ 为土壤实际含水率，cm^3/cm^3；α、m、n 为参数，无量纲。

Van Genuchten 公式中一些参数的经验值（张蔚榛，1996）见表4.1-1。

表 4.1-1　　不同土壤 θ_s、θ_r、α、n 和 K_s 的值

土壤质地	θ_s/(cm³/cm³)	θ_r/(cm³/cm³)	α	n	K_s/(cm/d)
砂壤土	0.47	0.17	0.01	2.0	75
砂土	0.42	0.12	0.012	3.0	400
砂岩土	0.25	0.153	0.0079	10.4	108
粉壤土	0.469	0.19	0.0050	7.09	30.3
粉壤土	0.396	0.131	0.00423	2.06	49.6
壤土（脱湿过程）	0.520	0.218	0.0115	2.03	31.6
壤土（吸湿过程）	0.434	0.218	0.02	2.76	—
壤土	0.54	0.2	0.008	1.8	25
黏土	0.40	0.25	0.009	3.0	10

（2）非饱和土壤导水率与土壤含水率或基质势之间的经验关系式：

$$K(\theta)=a\theta^m \tag{4.1-8}$$

$$K(\theta)=K_s\theta_s^m=K_s(\theta/f)^m \tag{4.1-9}$$

$$K(\psi_m)=a/\psi(a/S^m) \tag{4.1-10}$$

$$K(\psi_m)=a/(b+\psi^m) \tag{4.1-11}$$

$$K(\psi_m)=K_s/(c\psi^m+1) \tag{4.1-12}$$

式中：K 为非饱和土壤导水率，cm/d；K_s 为饱和土壤导水率，cm/d；ψ_m 为基质势，m；S 为吸力，m；θ 为土壤容积含水率，cm³/cm³；θ_s 为土壤饱和含水率，cm³/cm³；f 为土壤孔隙度，cm³/cm³；a、m、b、c 为经验系数，无量纲，其中，黏质土 $m=2$，砂质土 $m=4$。

4.2　灌溉方式对包气带水分运移过程的影响试验观测

4.2.1　试验观测概况

自 2012 年以来，膜下滴灌在西辽河大规模发展，改变了地表入渗补给地下水的过程。为探明膜下滴灌条件下降水入渗包气带变化机理，通过田间原位试验、室内人工降水试验及观测井水位与降水关系分析等方法，分析比较地面灌和膜下滴灌两种灌溉条件下土壤水分变化和运动以及降水入渗的差异。试验观测概况见表 4.2-1。

表 4.2-1　　试验观测概况

试验观测方式	试验地点	主要观测指标
田间原位观测	通辽市科尔沁左翼中旗腰林毛都镇南塔林艾勒村（N44°06′44″，E122°18′21″）	气象要素（降水、蒸发、风速等），土壤基本物理参数（类别、质地、水分常数等），土壤含水率、温度、电导率变化
室内人工降水试验	国家节水灌溉工程技术研究中心北京大兴试验研究基地	土壤基本物理参数（类别、质地、水分常数等），土壤含水率、温度、电导率变化
观测井水位观测	田间原位观测试验附近 7 眼地下水位观测井	地下水埋深、降水等

1. 室内人工降水观测试验

通过人工控制降水情景，在国家节水灌溉工程技术研究中心（北京）大兴试验研究基地进行了人工控制降水观测试验，分析地面灌和膜下滴灌两种灌溉方式在不同级别降水条件下的水分变化和入渗形式的差异。

试验布置9个固定式蒸渗仪测坑，单体尺寸为2m×2m×3.5m。试验共设置地面灌、膜下滴灌垄沟位置以及膜下滴灌膜中位置三项处理，每种处理方式各有三组重复。测坑都安装有土壤多参数传感器监测系统、地下水位控制系统。每个测坑设置11个不同深度的土壤三个参数（含水率、温度、电导率）观测传感器。测坑中土壤参考西辽河平原试验区的土壤分层回填，土壤参数采用环刀法采集原状土壤测定，测得的土壤参数信息见表4.2-2。试验测坑展示如图4.2-1所示。

表4.2-2　固定式测坑土壤参数信息表

土层深度	土壤类别	田间持水量/(cm^3/cm^3)	土壤饱和含水率/(cm^3/cm^3)
0～80cm	粉砂质壤土	32.7	44.3
80～150cm	粉砂土	22.2	28.3
150cm以下	砂土	21.6	26.4

图4.2-1　试验现场布设

根据西辽河平原多年平均降水量以及降水的年内分布特征（主要集中在6—8月，属峰值型降水），确定出试验所需的日降水量值及分布，雨量分配见表4.2-3。其中5月的第一次降水量（40mm）相当于播前灌，各次降水之间的间隔依据各次降水量的大小而定，以保证各次降水能够进行充分的入渗。

表 4.2-3　人工降水日设计降水量

月份	5	6	7	8
降水天数/d	2	3	2	2
对应日期	1号、18号	1号、8号、25号	5号、20号	6号、20号
日降水量/mm	40/30	20/60/30	50/60	40/20
总计/mm	70	110	110	60

2. 田间原位观测试验

田间原位观测是观测天然降水入渗最直接的手段，通过对地面灌溉和膜下滴灌两种灌溉方式下的降水入渗观测，可以最直观地反映灌溉方式改变后对降水入渗的影响。

综合考虑灌区分布、灌水方式、土壤类型、地下水位等方面的因素，利用通辽市的土壤类型分布图、灌区分布图、地下水位观测数据、作物种植等情况，在保证典型性和代表性的前提下，兼顾人员及设备分配和安全运行情况，以通辽市科尔沁左翼中旗腰林毛都镇南塔林艾勒村为田间原位观测试验点，分别在地面灌溉和膜下滴灌区域设置对比观测试验，试验观测时间为 2015—2017 年。试验点属舍伯吐灌区，多年平均气温约 7.1℃，多年平均降水量约 270mm。

研究区内地面灌玉米为单行种植模式，地表不起垄，相邻两行玉米间隔 60cm；膜下滴灌采用大垄双行的种植模式，垄宽 120cm，垄高 5～8cm，垄上玉米行距 40cm、垄高 7cm，覆膜时将地膜铺平拉紧，贴在垄面上。试验农田的土壤特性采用挖剖面，用环刀原状取样法对观测区各层土壤进行取样，每层取干、湿土样各三组，并通过室内试验得到各层土样的田间持水量、饱和含水率等，具体土壤参数见表 4.2-4。同时，利用 HOBO-U30 进行自动监测剖面的土壤含水率动态变化，地面灌地块设置一个监测断面，膜下滴灌地块设置三个观测剖面，各监测断面 0～100cm 均匀布设 10 个探针，100～200cm 均匀布设 5 个探针，共埋设 45 个探针，数据记录时间间隔为 2h。同时利用试验田小型气象站自动观测降水信息。不同灌溉方式自动监测现场布设如图 4.2-2 所示，两种灌溉方式下探针布设位置如图 4.2-3 所示。

表 4.2-4　科尔沁左翼中旗试验观测点土壤信息表

土层深度/cm	土壤类别	田间持水量/%	饱和含水率/%
0～30	砂壤土	26.6	44.8
30～60	黏土	31.2	49.4
60～200	砂土	21.0	28.5
>200	砂土	21.0	28.5

3. 地下水观测井水位观测

地下水观测井水位波动可以直观反映降水入渗对于地下水的实际补给情况，因此选取田间原位试验点附近不同灌溉条件 7 眼地下水观测井观测其水位对降水的响应情况。观测井中，处于膜下滴灌区域的观测井共 4 眼，处于地面灌溉区域的监测井为 3 眼。

4.2.2 不同灌溉条件入渗过程分析

4.2.2.1 雨强对入渗影响分析

通过近三年观测数据比选，重点分析田间原位观测试验入渗过程，以 2017 年 7—8 月

图 4.2-2 不同灌溉方式自动监测现场布设

图 4.2-3 两种灌溉方式下探针布设位置

具有较好代表性的2场不同强度的降水，分析小雨和暴雨条件下两种灌溉方式入渗过程中土壤水变化情况。

1. 小雨

如图 4.2-4 所示，小雨时，初期两种灌溉方式表层土壤含水率均显著增加，随时间推移，土壤水分不断向下运移，地面灌溉条件入渗深度可达 80cm，膜下滴灌入渗深度可达 40cm。观测结果表明，虽然两种灌溉条件下饱和层形成阶段差异很显著，但小雨仅影响表层土壤含水率，二者降水入渗深度均有限。

2. 暴雨

如图 4.2-5 所示，暴雨时，膜下滴灌和地面灌溉入渗主要区别在地表饱和层的形成；6h 后，地面灌溉湿润锋到达地下 2m 处，膜下滴灌到达 1.2m 处；120h 后，地面灌溉与膜下滴

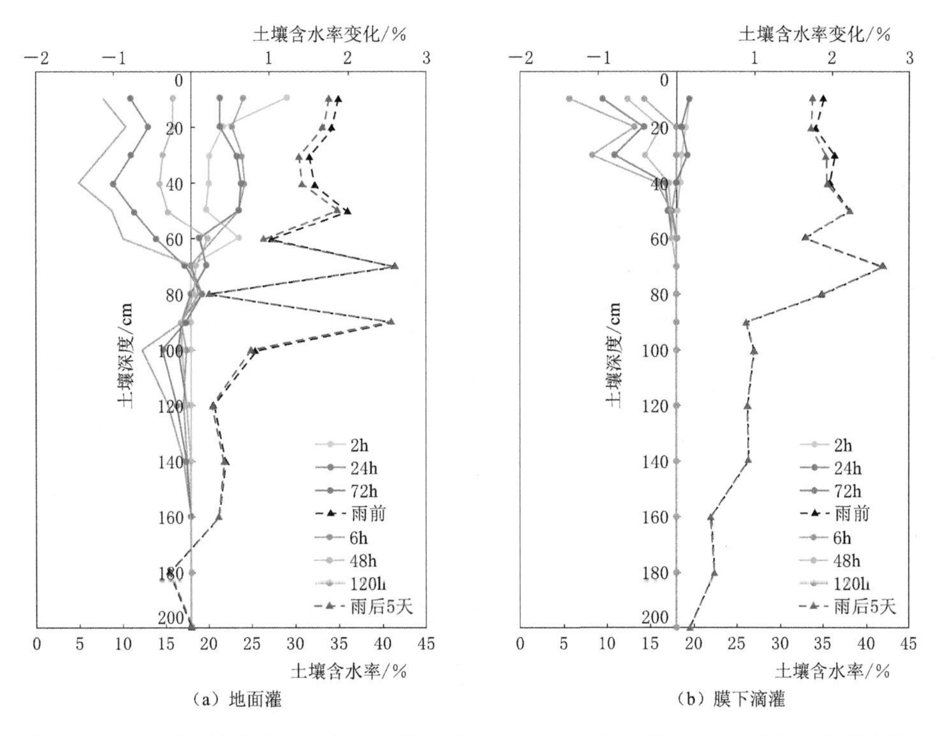

（a）地面灌　　（b）膜下滴灌

图 4.2-4　小雨土壤含水率变化（次降水量 7mm，2017 年 8 月 14 日，科尔沁左翼中旗）

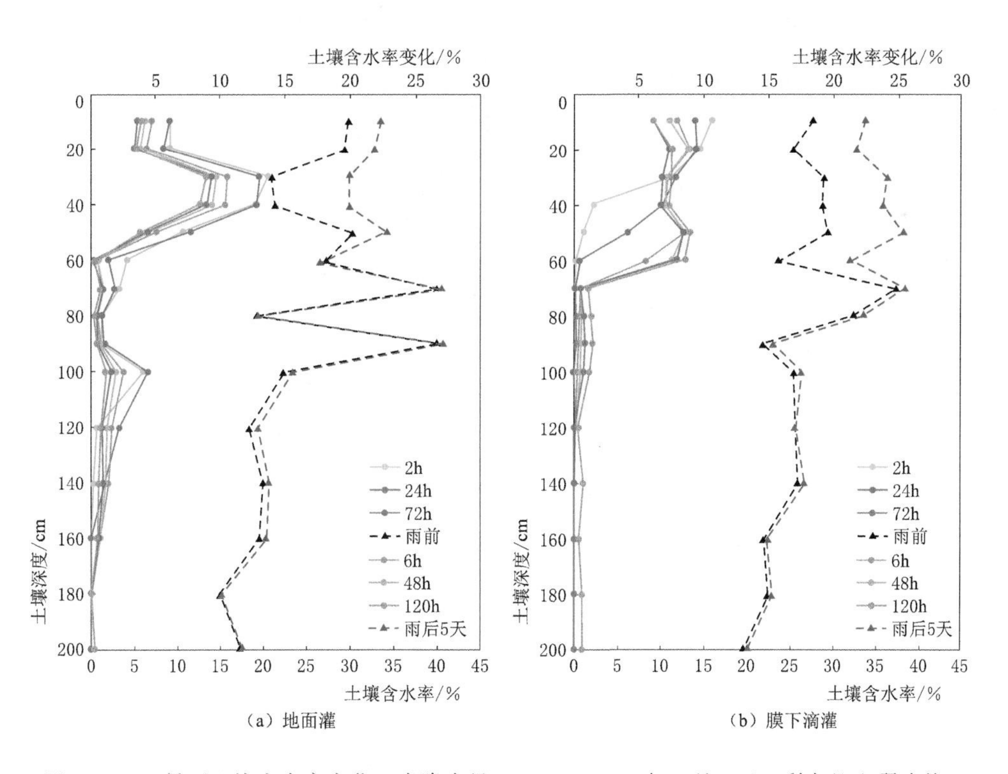

（a）地面灌　　（b）膜下滴灌

图 4.2-5　暴雨土壤含水率变化（次降水量 122mm，2017 年 8 月 3 日，科尔沁左翼中旗）

灌条件下湿润锋均到达 2m 以下，此时两者入渗过程已经趋同，只是存在时间的先后差异。

试验结论：在中小雨时期，地面灌与膜下滴灌的入渗有显著差别，而在暴雨时期二者差距不明显。由于西辽河平原降水入渗的有效补给发生在暴雨期间，因此膜下滴灌对降水入渗深度影响不明显，可忽略不计。因此二者的显著差别在于回归水量的不同，影响最终的地下水补给（靳晓辉，2019）。

4.2.2.2 不同灌溉条件降水对观测井水位影响分析

观测井的监测数据也支持了田间试验结论。为了比较入渗结果，选取与田间原位观测试验对应地点的 7 眼地下水观测井，分析其在试验期间（2014—2018 年）降水与地下水埋深的变化关系，如图 4.2-6 所示。其中，处于膜下滴灌区域的观测井共 4 眼，处于地

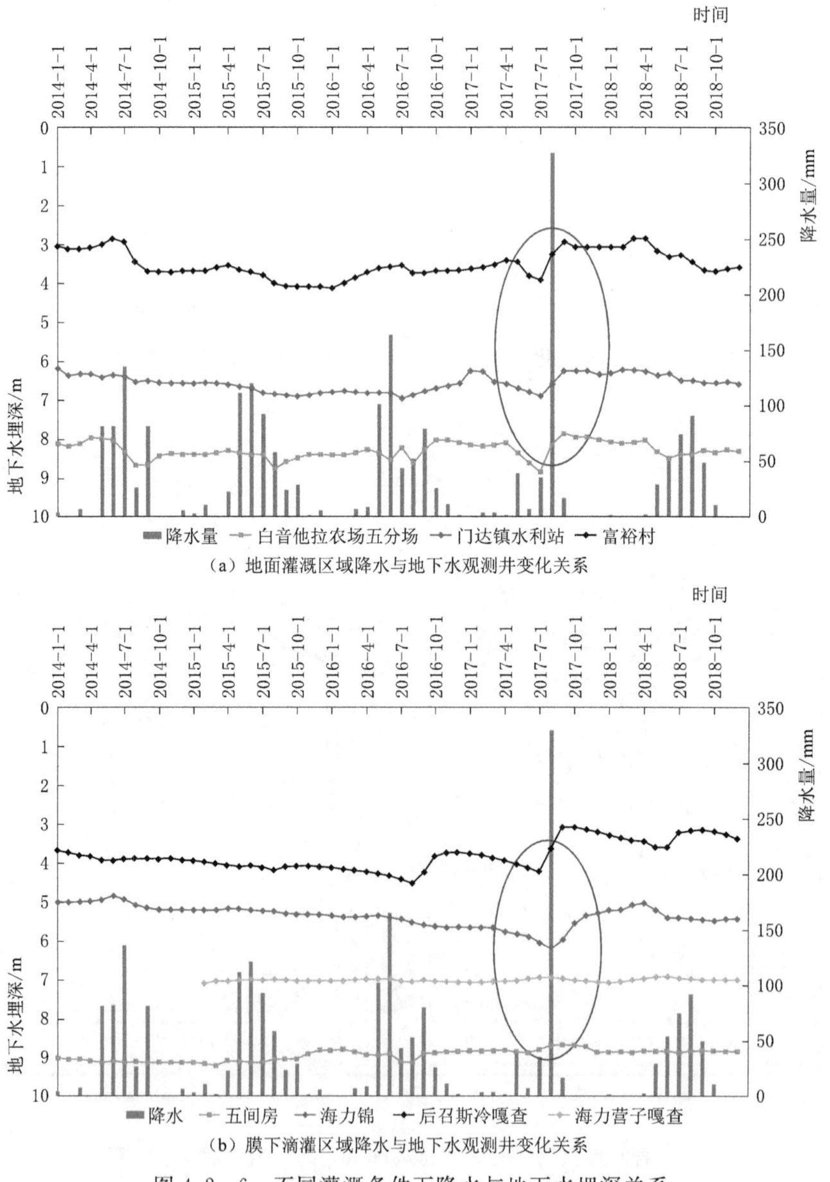

（a）地面灌溉区域降水与地下水观测井变化关系

（b）膜下滴灌区域降水与地下水观测井变化关系

图 4.2-6 不同灌溉条件下降水与地下水埋深关系

面灌溉区域的监测井为 3 眼。

地下水埋深小于 6m 时，暴雨均能补给到地下水，且降水量越大，地下水位对降水响应越明显，相较而言，地面灌溉比膜下滴灌对降水入渗的响应更剧烈，且地下水埋深出现抬升的响应时间更快；地下水埋深为 6～8m 时，在地面灌溉区域，暴雨后地下水位有所回升，但膜下滴灌区域，即使是暴雨条件，地下水位也没有明显响应。

上述分析表明，膜下滴灌入渗深度小于地面灌溉，差异正是回归水的效应。因此，从对降水入渗补给地下水的影响来看，膜下滴灌与其他灌溉方式没有显著区别，主要差别在于对灌溉回归水的影响不同，膜下滴灌无灌溉回归水。同时，对比观测也实证了降水入渗补给地下水临界埋深为 5～6m，这也与计算结果相符。[1]

4.3 西辽河平原入渗补给地下水临界埋深分析计算

4.3.1 初始参数

4.3.1.1 降水入渗量

根据西辽河平原开鲁站降水年内分配规律分析可知，西辽河平原的降水主要集中在5—10 月，其降水量占年降水量的 80%左右，是主要的补给期。忽略地表产流，选取 5—10 月降水量，作为降水入渗量。对实际降水过程，每年有其不同的频次、雨强、历时等特征，本研究重在开展入渗深度的研究，为便于计算，将降水量概化为一次降水过程。考虑丰、平、枯不同水文年降水量的差异，降水入渗量根据 1954—2005 年西辽河平原国家气象站长系列降水数据频率分析，选取 10%的丰水年、50%的平水年和 95%的枯水年5—10 月主要的降水量作为入渗量，分别为 410mm、309mm 和 216mm。

4.3.1.2 土壤参数

研究区内分布土壤主要是草原风沙土、栗钙土、潮土和草甸土。在四类土质中，风沙土的土质结构是水力传导度最大、最有利于土壤水入渗的类型，其土壤水入渗与其他类型相比更深，更能反映西辽河平原降水入渗的最大深度。结合西辽河平原第四系地质构成，将土壤质地概化为均一类型的砂土。

1. 土壤含水率

根据西辽河平原土壤含水率调查数据分析，在多个干燥的试点，其 50cm 埋深处的土壤含水率均在 5%以下，沙地土壤质量含水率达到 30%左右时，已基本接近饱和，或者已进入潜水影响层。另外，结合西辽河平原沙坨地已有研究中对土壤含水率的观测与调查结果，计算中饱和入渗阶段的土壤入渗含水率取田间持水率的 30%。土壤饱和含水率取41%，土壤残余含水率取 2.8%。这与大部分统计土壤田间持水量的范围基本接近（邵明安等，2006；芮孝芳，2004），见表 4.3-1。

西辽河平原沙地土壤的含水率范围有许多学者做过相关的研究，结合科尔沁沙地土壤含水率的调查，认为在 1.8m 以下土壤水分深部稳定层中，沙地内土壤含水率的变化范围为 5.8%～15.4%，一般为 5.8%。

[1] 本项田间原位试验由沈阳农业大学何俊仕、董克宝组织实施，在此表示感谢。

表 4.3-1　各种质地土壤的田间持水率

质地名称	田间持水率/%		饱和含水率/%
	重量含水率	容积含水率	容积含水率
紧砂土	1～22	26～32	—
砂壤土	22～30	24～32（32～42）	45～52
轻壤土	22～28	30～36	40～52
中壤土	22～28	30～35	44～54
重壤土	22～28	32～42	40～50
轻黏土	25～32	40～45	45～54
中黏土	25～35	40～45（35～45）	48～53
重黏土	30～35	40～45（40～50）	48～55

2. 土壤孔隙度

根据西辽河平原草原风沙土的土壤孔隙度统计结果，土壤孔隙度取42%。

3. 饱和水力传导度

参考科尔沁沙地已有研究的经验系数，科尔沁沙地砂质土壤的饱和水力传导度取3.5m/d，该系数在《供水水文地质手册》（1978年）提供的粉砂饱和水力传导度的经验值之内，与研究区土壤的壤质砂土类型统一。

4. 土壤水力特性参数

采用Van Genuchten公式计算，计算时除土壤含水率之外，还有三个参数α、m、n需要确定。已有研究给出的不同土壤类型Van Genuchten参数的经验值α、m、n分别取0.02924、0.759564、2.0。

5. 土壤分层厚度

考虑再分配过程中土壤分层计算的基本假设，土壤分层越薄，其各层内均匀运动的基本假设越接近实际状况，因此，土壤厚度分层按照0.1m、0.01m、0.001m分别率定，最终确定土壤分层厚度取0.01m。

4.3.2 模型计算

按照沙地深层土壤含水率的波动范围，本研究综合考虑土壤残留含水率对应的干燥情况、土壤含水率变化范围下限对应的一般情况、土壤含水率变化范围上限对应的湿润情况，采用降水入渗深度计算模型，计算不同水文年降水的入渗深度。各层土壤水推移过程及各种情况下入渗深度计算结果见表4.3-2和表4.3-3。

表 4.3-2　枯水年初始土壤含水率15.4%时分层土壤湿润锋推移过程

土壤分层	土壤含水率	基质势 h/m	水力传导度 /(m/d)	推移速度 /(mm/d)	上部土壤含水率	土层深度 /m
上部饱和入渗层	0.154	4.559	0.000		0.300	1.4795
第1层	0.300	2.980	2.662	211.572	0.298	1.4895
第2层	0.298	2.999	2.591	203.442	0.296	1.4995

续表

土壤分层	土壤含水率	基质势 h/m	水力传导度 /(m/d)	推移速度 /(mm/d)	上部土壤含水率	土层深度 /m
第3层	0.296	3.018	2.522	195.669	0.294	1.5095
第4层	0.294	3.037	2.456	188.236	0.292	1.5195
第5层	0.292	3.055	2.392	181.125	0.290	1.5295
第6层	0.290	3.073	2.330	174.319	0.288	1.5395
第7层	0.288	3.091	2.270	167.803	0.286	1.5495
第8层	0.286	3.109	2.212	161.563	0.285	1.5595
第9层	0.285	3.126	2.156	155.585	0.283	1.5695
第10层	0.283	3.144	2.102	149.856	0.281	1.5795
⋮	⋮	⋮	⋮	⋮	⋮	⋮
第142层	0.154	4.565	0.183	0.038	0.153	2.8995
第143层	0.153	4.573	0.180	−0.035	0.153	2.9095

表4.3-3　不同水文年不同土壤含水率条件下降水入渗深度分析

降水量/mm		土壤含水率/(cm³/cm³)		
		干燥	一般	湿润
		2.8%	5.8%	15.4%
枯水年	216	8.5	4.6	2.9
平水年	309	12.2	6.6	4.1
丰水年	410	16.1	8.8	5.5

4.3.3 结果分析

(1) 根据不同水文年在不同初始含水率条件下的入渗深度计算结果分析：①相同土壤含水率条件下，降水量越大，入渗深度越大；②相同降水入渗量的条件下，土壤含水率越大，入渗深度越小。

(2) 考虑不同水文年降水入渗深度的变化：①最有利于入渗的条件为土壤干燥、降水量较大，即在长期干旱的条件下，遇到降水丰沛的年份；②最不利于入渗的条件为土壤湿润、降水量较小，即在连续丰水年结束后，出现降水量较小的枯水年份；③降水入渗深度的变化范围介于最有利入渗条件与最不利入渗条件之间，即介于2.89～16.1m。

(3) 根据西辽河平原土壤含水率与水文规律分析，入渗深度出现极端情况的可能性较小，主要发生在二者之间。本书汇总了不同降水量、土壤含水率条件下入渗深度值，见表4.3-4。

(4) 从分析结果可知，在有利于降水入渗发生的条件下，降水入渗深度介于8.8～16.1m，在不利于降水入渗发生的条件下，降水入渗深度介于2.9～4.6m；在正常情况下，降水入渗深度介于5.5～8.5m。因此，在考虑降水入渗补给的条件下，为保证入渗补给的正常，可将入渗补给的埋深控制在5.5～8.5m。

表 4.3-4　　不同条件下降水入渗深度分析

降水量	土壤含水率	对入渗的影响	入渗深度/m
丰水年 大雨量	干燥	最有利	16.1
	一般	偏有利	8.8
	湿润	正常	5.5
平水年 一般雨量	干燥	偏有利	12.2
	一般	正常	6.6
	湿润	偏不利	4.1
枯水年 小雨量	干燥	正常	8.5
	一般	偏不利	4.6
	湿润	最不利	2.9

4.3.4 灌溉回归补给对入渗深度的影响

在西辽河平原，农灌区除天然降水外，还有部分灌溉水回归补给地下水。分析灌溉回归补给地下水的影响，是开展农区生态安全管理应当考虑的因素。

1. *灌溉量与灌溉回归系数*

西辽河平原主要种植作物为春玉米，通过对西辽河通辽市的春玉米高产需水量分析，在亩产 768.2kg 时，春玉米生长期需水量为 512.97mm；在亩产 542.5kg 时，春玉米生长期需水量为 382.16mm。玉米生长期内多年平均降水量为 310mm，则需灌溉水量分别为 212.97mm 和 72.16mm。对西辽河灌溉定额的研究中，较优定额一般取 $100m^3/hm^2$，折合灌溉水深 150mm。

结合西辽河灌溉，考虑本研究以灌溉入渗量为主，灌溉回归系数取埋深较浅时对应的值作为西辽河平原灌溉回归系数，即 0.477。

2. *灌溉回归补给量的计算*

根据西辽河平原灌溉量与灌溉回归系数的参考值，可计算西辽河平原灌溉回归补给量，见式（4.3-1）。

$$Q=\beta Q_{定} \tag{4.3-1}$$

式中：$Q_{定}$ 为灌溉定额，mm；β 为灌溉回归系数；Q 为灌溉回归补给量，mm。

根据计算公式，西辽河平原灌溉回归补给量为 71.55mm。

3. *考虑灌溉回归影响的入渗补给地下水的埋深计算*

在一般含水率 5.8%的情况下，通过计算模拟，灌溉回归补给量可增加 1.5m 的入渗深度。综合考虑入渗回归与降水的补给，地下水埋深可控制在 7～8m，局部地区最大可达 10m。

4.3.5 不同灌溉条件下的入渗补给地下水临界埋深

膜下滴灌地下水补给来源只有降水，地面灌溉地下水补给来源主要有降水和灌溉回归水。根据前述计算结果，不同灌溉方式的入渗补给地下水临界埋深见表 4.3-5。

表 4.3-5　　不同灌溉方式的入渗补给地下水临界埋深

灌溉方式	地面灌溉		膜下滴灌	
	降水量	灌溉回归水	降水量	灌溉回归水
地表入渗水源/mm	364	71.55	364	0
入渗临界埋深/m	7～8		5.5～6.5	

地面灌条件下，入渗补给地下水临界埋深通常为7～8m；膜下滴灌条件下，入渗补给地下水临界埋深通常为5.5～6.5m。由于膜下滴灌缺少灌溉回归水，地下水补给条件更严苛，因此对地下水临界埋深要求更高，增加了保护地下水补给能力需要的资源量，对其节水效果评价需要深入研究。

4.4 实证分析

选取各旗（县）地面灌溉区域观测井8眼，分析不同观测井1980—2014年共34年的降水对地下水埋深的变化，并结合田间原位观测试验中采用的3眼地面灌溉区域观测井和4眼膜下滴灌区域观测井，对计算得到的不同灌溉条件下入渗深度验证分析，各个观测井的空间分布如图4.4-1所示，结果如图4.4-2所示。

分析各个观测井地下水位变化情况。地面灌溉区域观测井地下水位总体上2000年后普遍下降。当观测井地下水埋深在8m以内，降水后观测井地下水埋深能表现出不同程度的回升，证明降水能够补给到地下水；地下水埋深在8～10m，下降平缓带有微幅波动，说明地下水有时尚能勉强补给；地下水埋深在10m以上时，即使在丰水年时段降水后，观测井地下水埋深也不能回升，呈现一直下降的趋势。膜下滴灌区域观测井，地下水埋深

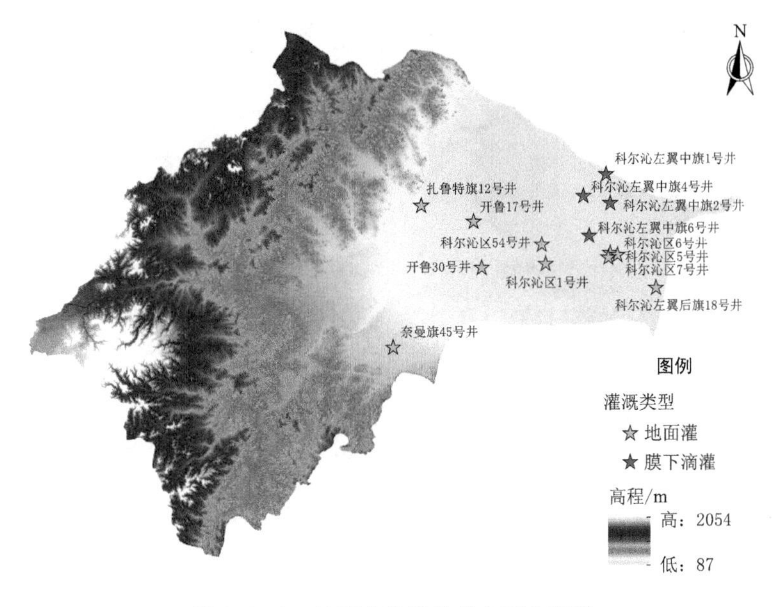

图 4.4-1　地下水监测井的空间分布图

在6m以上时没有明显响应。这表明，地面灌入渗稳定补给的临界埋深为7～8m，膜下滴灌为6m，与模型计算结果非常吻合。

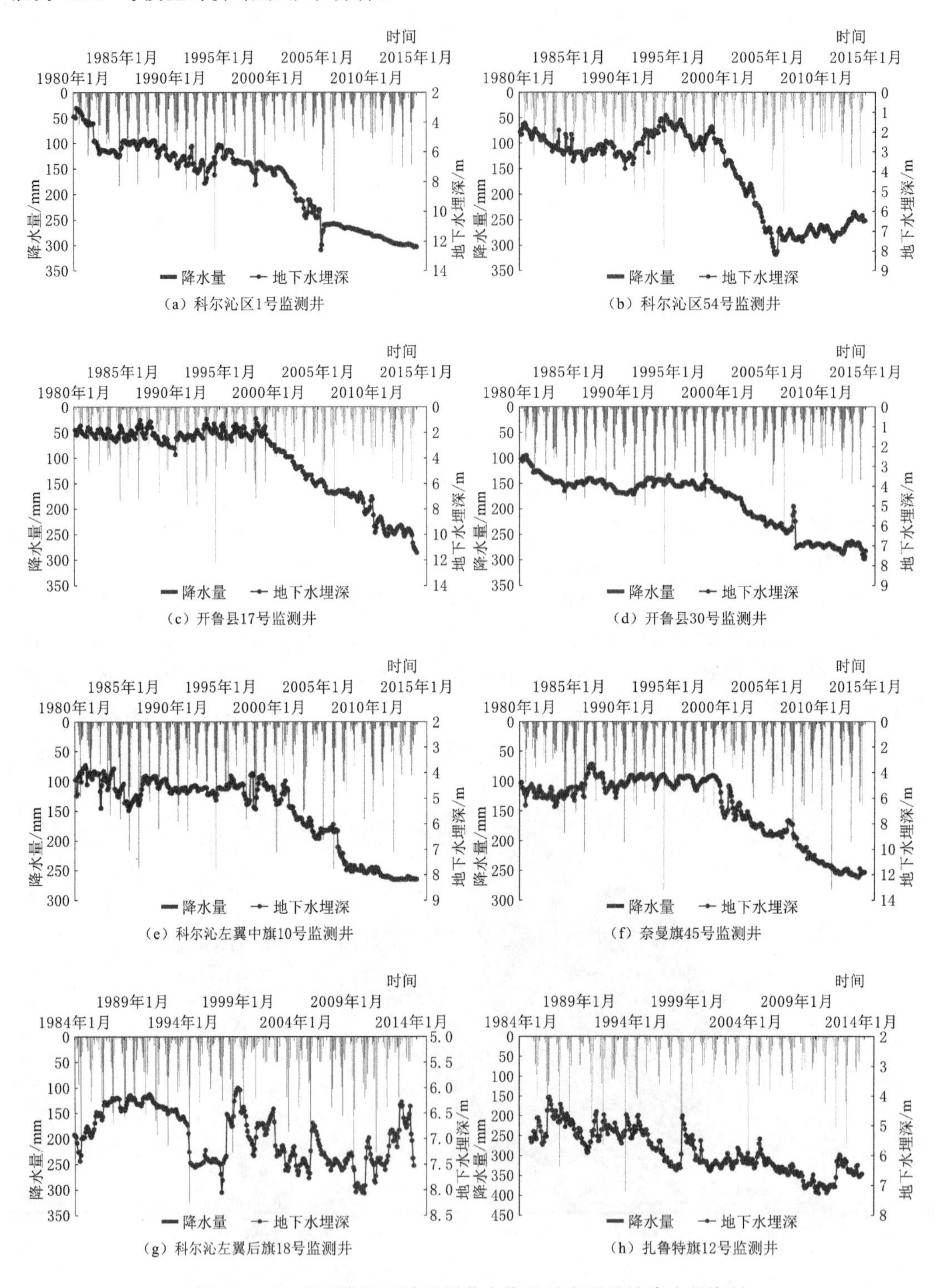

图4.4-2 地面灌溉区域监测井水位及对应雨量站降水量资料

第5章　牧区地下水补给植被机理与临界埋深

潜水蒸发是地下水、土壤水、植被需水、大气水相互转化过程中的一个重要水循环过程，也是地下水浅埋区植物耗水的主要水分来源之一（陈敏建等，2007c；张济世等，2007）。半干旱区地下水是草原天然植被的重要支撑，其对植被的补给是通过潜水蒸发形成土壤水被植物群落吸收利用，地下水埋深及包气带中土壤水分运移过程对草原植被生长至关重要，因此需要对包气带及地下水临界埋深开展定量研究。

5.1　潜水蒸发补给植被包气带水分运移模型

水分是半干旱区草原植被生长的关键因素。在西辽河平原，天然降水入渗后进入土壤，形成土壤水，部分土壤水继续入渗补给地下水，部分滞留土壤中供植被根系吸收以实现蒸发蒸腾或者供裸土蒸发。在多年平均降水的水平下，当植被吸收的水分仅仅来源于降水补给的土壤水分时，地表植被以盖度较低的草地为主，见图5.1-1（a）。当植被吸收的水分不仅仅来源于降水补给的土壤水，还有一部分来源于地下水补给时，就形成了西辽河平原盖度较高的天然牧场草原，见图5.1-1（b）。通过对西辽河平原地下水埋深与植被盖度关系的观察，在地下水埋深小于2m的草甸地区植被覆盖要明显优于地下水埋深大于4m的沙坨地区。地下水的补给是形成西辽河平原天然牧场丰富的高盖度植被的重要因素。

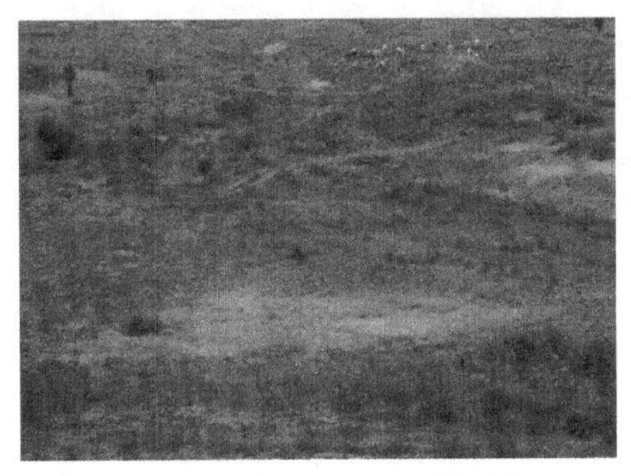

（a）地下水埋深4.5m的地带性沙地

（b）地下水埋深1.5m的非地带性草地

图5.1-1　不同地下水埋深条件下的草原植被分布

潜水蒸发是半干旱区草原生态的核心问题，地下水对植被的支撑通过潜水蒸发补给植被根系实现。潜水蒸发产生在地下水的潜水面，受表面张力驱动和土壤孔隙的作用，水分上升进入土壤形成毛管上升水，将依附于潜水面的所有毛管上升水定义为潜水影响层，随潜水升降而起伏；将地表植物群落所有的根系定义为植被根系作用层。当潜水影响层与根系作用层发生接触，植被根系即可以吸收地下水，从而实现地下水对植被的补给。反之，二者不接触，植被就无法吸收地下水。如果由于地下水位下降使得二者失去接触，持续下去植物群落将出现分化，最终群落消失、土壤沙化。

上述潜水蒸发补给植被的作用机理表明，潜水不是直接作用于地表植被，而是通过潜水蒸发形成土壤水和植被根系吸收两个过程的相互作用补给地表植被。通过定义植被根系作用层和潜水影响层的概念，按潜水蒸发补给植被的机理将包气带概化，如图 5.1-2 所示。

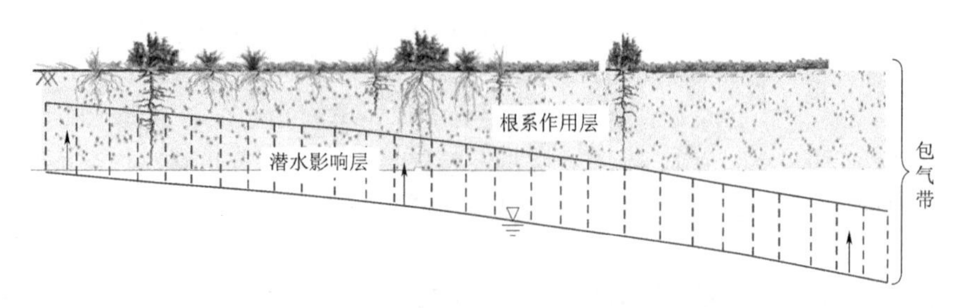

图 5.1-2 潜水蒸发补给植被的包气带模型

当潜水影响层与植被根系作用层相交时，地下水可以对地表植被形成水分补给；当潜水影响层与植被根系作用层分离时，地下水不能补给地表植被。显然，当潜水影响层与根系作用层发生接触时符合地下水补给植被的临界埋深定义，因此将根系作用层厚度与潜水影响层厚度之和作为地下水补给植被的临界埋深。

5.2 潜水影响层

5.2.1 概念

地下水通过潜水蒸发，以毛管上升水的形式源源不断输送到包气带中，被植被、土壤蒸腾蒸发，完成地下水-土壤水-大气水的循环转换。潜水蒸发的本质是潜水面由于毛管力作用，水分从潜水面上升到包气带中形成土壤毛管上升水。

潜水影响层的定义：由依附潜水面发生的土壤毛管上升水形成的所有土壤水总和，呈层状分布。

作为一个物理概念，潜水影响层至少包含两个方面的内涵：一是空间范围，其边界即潜水影响层厚度，取决于毛管水最大上升高度。二是水分分布，在均质土壤、初始含水率均匀的条件下，由于都来自于潜水面的毛管上升水，因此潜水影响层内部土壤水分布有规律可循。

因此将毛管水最大上升高度定义为潜水影响层厚度。潜水影响层厚度计算即为毛管水最大上升高度的计算。显然，潜水影响层内部水分为毛管上升水，对于均质土壤而言，不同高度的毛管上升水的机会均等，因此是有序的分层并且向上递减的分布，如图 5.2-1 所示。

5.2.2 毛管水最大上升高度

借助于毛管力，由地下水潜水面上升进入土壤中的水称为毛管水，从地下水潜水面到毛管水所能到达的相对高度的上缘叫毛管水上升高度（高世桥等，2010）。根据毛细现象的理论分析，影响毛管水的高度的主要因素是土壤中的孔径和水体的表面张力。Laplace 早在 1806 年就提出了毛管上升高度的计算公式，即

$$\frac{h}{r}=2\left(\frac{a}{r}\right)^{2}\cos\theta \qquad (5.2-1)$$

其中 $a=\sqrt{\gamma/\rho g}$

式中：h 为毛管水上升高度，m；a 为参数，m；γ 为表面张力，N/m；ρ 为液体密度，kg/m^3；g 为重力加速度，m/s^2；r 为孔径，m；θ 为液体与管壁之间的接触角，(°)。

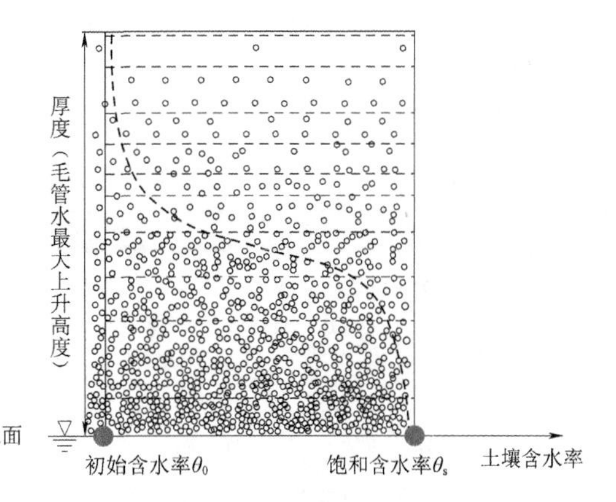

图 5.2-1 潜水影响层水分分布示意图

国内外许多研究中分析了基于毛管理论的毛管水上升高度公式。用毛细管横断面内表面面积和最大上升高度之积近似，则有

$$2\pi R\sigma\cos\varphi=\pi R^{2}\rho_{w}gH \qquad (5.2-2)$$

式中：σ 为水的表面张力，N/m；φ 为水面与管壁的接触角，(°)；R 为毛细管当量孔径，m；ρ_w 为水的密度，kg/m^3；g 为重力加速度，m/s^2；H 为毛管水上升高度，m。

当水与管壁完全浸润时，接触角为零，对应为毛管水最大上升高度，即为潜水影响层厚度，计算公式为

$$H=\frac{2\sigma}{\rho_{w}gR} \qquad (5.2-3)$$

土壤毛管水上升高度计算公式中，最重要的参数是水的表面张力和土壤毛管当量孔径。对给定的液体类型，表面张力与温度有关，根据已知温度的不同，表面张力的大小可以参考其经验值，土壤当量孔径是理论公式计算的难点。

土壤当量孔径难以获取成为公式计算的制约条件，因此多年来缺少直接采用公式计算土壤毛管水上升高度的方法。本项研究之前，流行的确定毛管水最大上升高度的方法主要是利用经验公式或者实测法。常见的经验公式有海森经验公式、Polubarinova - KoChina 公式、Mavis 与 Tsui 公式等，在大多数经验公式中，毛管水上升高度转化成了与土壤孔隙度与土壤粒径这些更容易获取的参数之间的关系。但海森经验公式中本身就带有参数 C，其变化范围较大，在具体选取过程中不容易确定。许多研究表明，采用经验公式计算所得的毛管水上升高度与实际测量所得的毛管水上升高度之间仍有较大的偏差，且经验公式在不同类型的土壤中适用性也会对计算结果产生很大的影响。实测法计算毛管水上升高度，精度准确，结果可靠，常见的有土壤水分特征曲线推求法、基于实测资料的统计回归分析等，但实测毛管水上升高度仅能反映局部的情况，受时间、精力和仪器设备限制，在大规模的范围开展定量有一定难度，且不经济。

利用理论计算公式确定土壤毛管水最大上升高度的主要障碍是土壤有效毛管孔径 R，很难获得直接观测资料，这是土壤毛管水最大上升高度计算长期以来没有很好解决的原

因。目前数量有限的文献都回避了有效孔径的计算，如采取经验参数或实测分析，见表5.2-1，因此求解土壤有效孔径是解决毛管水最大上升高度的关键难点，本书对此进行了专门研究，取得了突破性进展。

表5.2-1　　毛管水上升高度计算方法比较分析

方法	理论公式法	经验参数法	实测法
原理	毛细上升理论，基于表面张力与孔径计算上升高度	建立上升高度与孔隙度、土壤粒径等容易获取的参数之间的关系	通过实测剖面土壤含水率，绘制土壤水分特性曲线直观判断毛管水上升高度，或采用统计回归方法建立毛管水上升高度的回归方程
优点	物理概念清晰，计算结果合理	参数获取方便，适用于局地计算	计算方法直观、简便，计算结果可靠，适用于小规模计算研究
制约	参数获取困难，尤其是孔径	不具有通用性，计算结果与实际相差较大	不具有通用性，对时间、设备等有要求
适用前景	大规模天然条件下应用可期	需以理论公式作修正	配合理论公式计算，补充理论公式失效的土壤类型分析计算

5.2.3　土壤有效孔径

毛管水最大上升高度计算公式中关键参数为土壤的有效孔径。本项研究推导提出了土壤毛管当量孔径计算公式，并利用土壤晶体粒径排列结构计算模型确定推理公式的参数。

5.2.3.1　土壤毛管有效孔径计算公式推导与参数求解

土壤毛管有效孔径是公式计算土壤毛管水最大上升高度的关键。有效孔径取决于土壤结构，通常由有效粒径 d 和孔隙度 n 两个参数表达，反映的是土壤质地和在外部压力下的土壤颗粒空间分布关系，如何将其转化成土壤毛管有效孔径 R 是难点。故建立以下的函数关系：

$$R=f(n,d) \tag{5.2-4}$$

土壤粒径是构成土壤物质的固有特性，反映的是土壤颗粒的物质属性；而土壤孔隙与外部环境密切相关，反映的是在外部压力等环境条件下颗粒的空间排列，并不依赖于土壤粒径大小，显然这是两个独立的变量。因此，式（5.2-4）可以写为

$$R=f_1(n)\cdot f_2(d) \tag{5.2-5}$$

进一步从量纲分析可知，有效孔径与有效粒径的属性相同。根据量纲一致的原则，上述函数形式可以表达为

$$R=\xi(n)\cdot d \tag{5.2-6}$$

因此，土壤毛管孔径取决于土壤粒径大小和土壤孔隙函数 $\xi(n)$，可称之为孔隙特征函数。求解土壤孔隙特征函数 $\xi(n)$ 是破解毛管孔径的关键问题。

5.2.3.2　利用土壤晶体模型求解空隙特征函数

1. 土壤颗粒晶体结构模型

利用土壤颗粒晶体结构模型，通过模拟土壤晶体分布排列，近似计算孔隙特征函数。土壤颗粒晶体结构模型见诸许多土壤物理学著述，本文描述来自于文献（邵明安等，2006）。

模型条件的概化：假设土壤颗粒大小一致且分布均匀，这样同一区域同类土壤的孔径可以看成相同，这样的土壤毛管孔径实际上是平均水平，可以看成是当量孔径。地下水补

给植被一般都普遍发生在平原盆地，其土壤通常具有颗粒均匀且大范围分布的特点，因此这样的假定接近实际情况。

每一种颗粒排列结构，就是一种土壤模型（n，d）。对一个具体排列而言，其孔隙特征函数是一个常量，可利用式（5.2－6）计算毛管孔径。

2. 模型选取

通过研究分析多个土壤样本，选用两种最常见的结构排列，一个是规则三角形，另一个是规则四边形，其总孔隙度参数可以涵盖常见的各种土壤类型。因此将这两种土壤颗粒结构模型作为本次研究分析土壤孔隙结构的基本模型。通过耦合基本模型孔隙参数，获得土壤孔隙特征函数近似解。

对于粒径为 d 的土壤，规则三角形排列的土壤结构可看作高度为 d、上下面边长为 d 的规则三棱柱内嵌 3 个 1/6 的球体，其余部分为孔隙。规则四边形排列的土壤结构可看作边长为 d 的正方体内镶嵌 4 个 1/4 的球体。两种土壤结构内部包含着球形颗粒和孔隙，其中，颗粒之间孔隙中内切的圆柱形孔隙可看作土壤中的有效孔隙，如图 5.2－2 和图 5.2－3 所示。

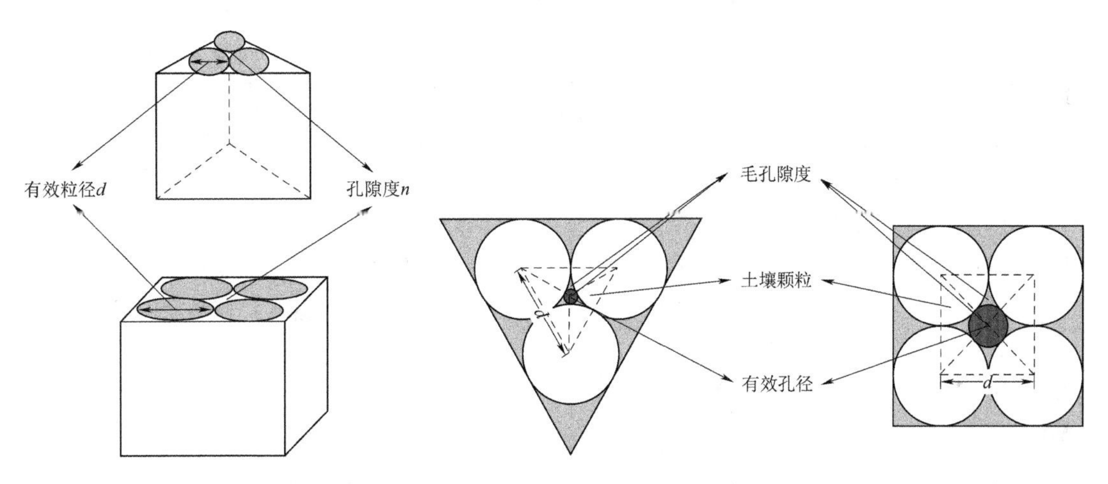

图 5.2－2　土壤颗粒晶体模型的规则排列立体示意图

图 5.2－3　土壤颗粒晶体模型的规则排列平面示意图

每一种颗粒排列结构都对应一个总孔隙度 n，代表这个排列结构特有的标识，因此可视为模型参数。设某种排列结构的土壤单元体积为 v，单元内土壤颗粒的体积为 w，则模型参数计算公式为

$$n=(v-w)/v=1-w/v \tag{5.2-7}$$

规则三角形排列结构模型参数为

$$n=\frac{\frac{1}{2}\times d\times\frac{\sqrt{3}}{2}d\times d-3\times\frac{1}{6}\times\frac{4}{3}\pi\left(\frac{d}{2}\right)^3}{\frac{1}{2}\times d\times\frac{\sqrt{3}}{2}d\times d}=1-\frac{1}{3\sqrt{3}}\pi=39.5\% \tag{5.2-8}$$

规则四边形排列结构模型参数为

$$n=\frac{d^3-\frac{4}{3}\pi\left(\frac{d}{2}\right)^3}{d^3}=1-\frac{1}{6}\pi=47.6\% \tag{5.2-9}$$

在土壤颗粒晶体模型中，土壤毛管为有效孔隙，属于总孔隙的一部分。进一步求得模型有效孔径 R 与粒径 d 的关系，对规则三角形排列，有

$$d^2+\left(\frac{d+R}{2}\right)^2=(R+d)^2, R=\frac{2\sqrt{3}-3}{3}d=0.079d \tag{5.2-10}$$

对规则四边形排列，有

$$d^2+d^2=(2R+d)^2, R=\frac{\sqrt{2}-1}{2}d=0.2071d \tag{5.2-11}$$

通过几何计算两种模型得到的相关参数见表 5.2-2。

表 5.2-2　　土壤颗粒晶体模型及有关参数

模　型	单元结构特点，土壤颗粒粒径为 d	n	ξ
规则三角形排列	高度为 d、边长为 d 的规则三棱柱内嵌 3 个 1/6 的球体	39.5%	$\frac{2}{\sqrt{3}}-1$
规则四边形排列	边长为 d 的正方体内镶嵌 4 个 1/4 的球体	47.6%	$\frac{\sqrt{2}-1}{2}$

3. 土壤孔隙特征函数求解

利用模型参数和式 (5.2-7)、式 (5.2-8)，本研究采用线性插值方法进行耦合分析，如图 5.2-4 所示。

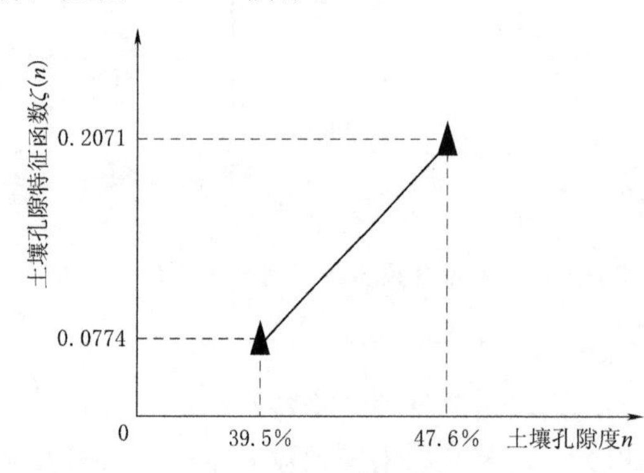

图 5.2-4　通过线性插值近似确定土壤孔隙特征函数

可得出土壤孔隙特征函数 $\xi(n)$ 近似表达式为

$$\xi(n)=1.581(n-39.5\%)+0.079 \tag{5.2-12}$$

5.2.3.3　土壤有效孔径计算公式

本研究在建立规则三角形结构与规则四边形结构的土壤颗粒晶体模型基础上，用以下公式计算土壤毛管有效孔径：

$$R=[1.581\times(n-39.5\%)+0.079]\cdot d \tag{5.2-13}$$

式中：R 为有效孔径，mm；n 为土壤孔隙度，无量纲；d 为土壤粒径，mm。

通过以上公式，可在已知土壤孔隙度和有效粒径的条件下计算有效孔径，为计算毛管水最大上升高度提供较可靠参数。

将式 (5.2-13) 代入式 (5.2-3) 中，得到潜水影响层厚度计算公式为

$$H=\frac{2\sigma}{\rho g[1.581\times(n-39.5\%)+0.079]\cdot d} \tag{5.2-14}$$

5.2.4 潜水影响层厚度分析计算

我国半干旱区主要在内蒙古高原、黄土高原的大部分地区。尽管半干旱区降水、蒸发等气候要素相似，但是由于从东到西跨度较大，土壤植被类型、水文地质结构复杂多样，即使开展全面的梳理分析也会存在以偏概全的可能。为此，本研究以半干旱区农牧交错带植被退化、土壤沙化问题较为突出的内蒙古高原为研究对象，选择具有不同草原类型的鄂尔多斯草原、锡林浩特草原、呼伦贝尔草原和西辽河平原为研究区域，其中西辽河平原由于流域完整独立被选为典型研究区（图 5.2-5），定量分析了不同区域地下水补给植被的临界埋深。

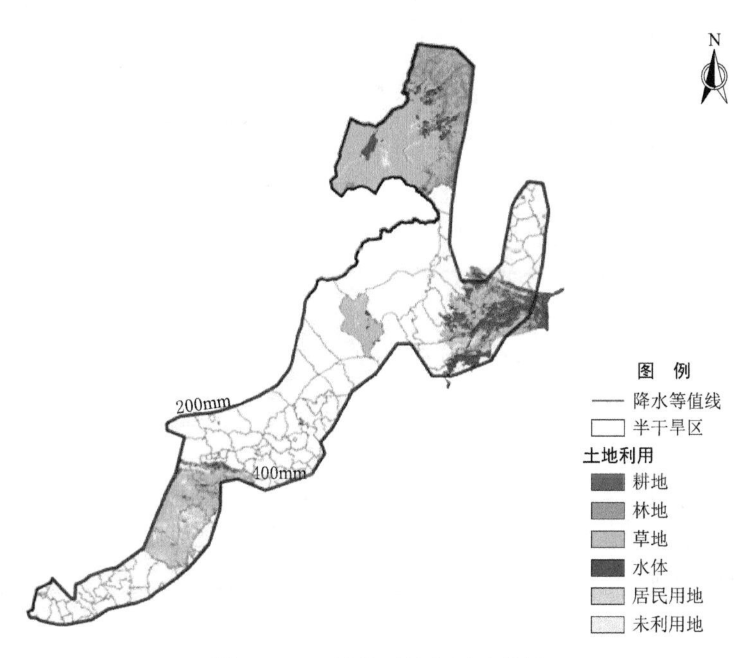

图 5.2-5 计算区域位置示意图

5.2.4.1 液体表面张力取值

水的表面张力主要受温度的影响。不同温度下水的表面张力见表 5.2-3，根据西辽河平原 8 月的野外调查统计，调查区土壤温度均达 25℃，且随着埋深的增加温度逐渐降低。根据表面张力与温度的关系，表面张力取 20℃对应的值，即 72.5×10^{-3}N/m。

表 5.2-3 不同温度下水的表面张力

温度/℃	0	10	20	30	40	50	60	70	80
$\sigma/(\times10^{-3}$N/m)	75.5	74	72.5	71	69.5	67.8	66	64	62

5.2.4.2 土壤质地情况

研究区内分布土壤主要是草原风沙土、栗钙土、潮土和草甸土（表 5.2-4），该表成果来源于 1980 年土壤普查成果，根据土壤类型汇总结果分析，西辽河平原分布有较大面积的栗钙土、潮土，但本次实地调查发现，经过 30 多年的变化，许多栗钙土与潮土区已经沙化，在山前丘陵处分布的还有部分较典型的栗钙土区。风沙土成为西辽河平原主要的土壤类型。本文汇总了内蒙古不同类型土壤的孔隙度（表5.2-5），从其孔隙度的值来看，将研究区风沙土概化为规则三角形、栗钙土和潮土概化为规则四边形更合理。但草原风沙土的粒径组成较其他类型更粗，由此形成的孔隙更大，因此，草原风沙土也选取规则四边形的结构。

表5.2-4　　西辽河平原土壤类型组成

类型	风沙土	栗钙土	草甸土	潮土	其他	总计
面积/万 km^2	2.38	1.85	0.43	1.58	0.32	6.56
百分比/%	36.28	28.20	6.55	24.09	4.88	100

表5.2-5　　内蒙古不同类型土壤的孔隙度

土类	容重/(g/cm^3)	孔隙度/%	土类	容重/(g/cm^3)	孔隙度/%
棕壤	1.12	58	栗褐土	1.37	48
暗棕壤	1.17	56	灰褐土	1.29	51
灰色森林土	1.15	57	潮土	1.24	53
褐土	1.3	51	新积土	1.4	47
黑土	1.05	60	盐土	1.46	45
黑钙土	1.2	55	碱土	1.5	44
栗钙土	1.34	49	沼泽土	1.2	55
棕钙土	1.4	47	风沙土	1.55	42

在研究区四类土壤中，《内蒙古土壤》给出了不同埋深条件下土壤颗粒的组成，见表5.2-6～表5.2-8。

表5.2-6　　风沙土颗粒组成

地点	采样深度/cm	颗粒组成/%					颗粒大于0.02mm的占比/%	质地命名
		＞2.0mm	2.0～0.2mm	0.2～0.02mm	0.02～0.002mm	＜0.002mm		
通辽市莫力庙农场	0～22	—	54.6	38.2	2	5.2	92.8	壤质砂土
	22～60	—	38.6	56.2	0	5.2	94.8	壤质砂土
	60～150	—	56.9	40.9	0	2.2	97.8	壤质砂土

表5.2-7　　碱化栗钙土典型剖面颗粒组成

地点	采样深度/cm	颗粒组成/%					颗粒大于0.02mm的占比/%	质地命名
		＞2.0mm	2.0～0.2mm	0.2～0.02mm	0.02～0.002mm	＜0.002mm		
科尔沁左翼中旗	0～16	—	7.2	68.3	13.4	11.1	75.5	砂壤土
	16～75	—	5	54.8	18.5	21.7	59.8	砂质黏壤土
	75～100	—	6.5	60.3	15.8	17.4	66.8	砂质黏壤土

表 5.2-8　　潮土和草甸土颗粒组成

地点	采样深度/cm	颗粒组成/%					颗粒大于0.02mm的占比/%	质地命名
		>2.0mm	2.0～0.2mm	0.2～0.02mm	0.02～0.002mm	<0.002mm		
翁牛特旗桥头镇	0～48	0	3.17	62.21	16.22	18.41	65.38	砂质黏壤土
	48～110	0	1.04	27.28	37.93	33.75	28.32	壤质黏土
	110～150	0	2.14	49.61	23.03	25.16	51.76	壤质黏土
开鲁县东来乡	0～34				43.7	35.5	20.8	壤质黏土
	34～76				10	0.8	89.2	壤质黏土
	76～105				10.8	0.8	85.4	壤质黏土

根据四种类型土壤所属质地，参考马建林（1991）汇总的不同类型土壤的有效粒径值，给出研究区不同类型土壤的有效粒径。其中，风沙土类型以壤质砂土为主，有效粒径取0.1mm；栗钙土类型以砂质黏壤土为主，有效粒径取0.045mm；草甸土和潮土类型以壤质黏土为主，属黏土类型但偏壤质，有效粒径取0.001mm。

5.2.4.3 潜水影响层厚度计算

根据不同区域土地利用图和土壤类型分布图可以分别获得西辽河平原、鄂尔多斯草原、锡林浩特草原、呼伦贝尔草原土壤资料。经过查阅土种志，结合野外调查资料，确定出不同区域典型土壤的土壤有效粒径和孔隙度。采用有效孔径计算公式，代入Laplace公式计算毛管水最大上升高度。其中表面张力系数根据土壤温度来确定，根据实地调查分析，土壤温度范围为20～23℃，土壤温度变化引起的表面张力变化非常微小，因此表面张力系数为$72.5\times10^{-3}N/m^2$。计算成果见表5.2-9。

表 5.2-9　　潜水影响层厚度计算成果

区域	土壤类型	土壤质地	有效粒径/mm	孔隙度/%	有效孔径/mm	温度/℃	表面张力/($\times10^{-3}N/m^2$)	潜水影响层厚度/m
西辽河平原	风沙土	壤质砂土	0.100	42	0.0118	20～23	72.5	1.24
	栗钙土	砂质黏壤土	0.045	49	0.0103			1.43
	草甸土	壤质黏土	0.001	53	—			1.00
	潮土							
鄂尔多斯草原	棕钙土	砂质土	0.045	47	0.0089			1.67
	风沙土	壤质砂土	0.100	42	0.0117			1.24
锡林浩特草原	栗钙土	砂质黏壤土	0.045	49	0.0103			1.43
呼伦贝尔草原	栗钙土	砂质黏壤土	0.045	49	0.0103			1.43
	黑钙土	砂质土	0.045	55	0.0146			1.01

采用Laplace公式计算毛管水上升高度具有充分的理论基础，但本次研究提出的土壤有效孔径计算适宜于土壤粒径大于0.01mm的情景，对于土壤粒径小于0.01mm的情景，直接用Laplace公式计算失效。实际观测表明，毛管水依然存在。由于细小颗粒黏土存在

"团聚效应"，按某种排序聚合成较大复合型"团聚颗粒"，再由这个团聚颗粒形成有效孔径。团聚效应下，土壤孔隙特征函数有着更复杂的结构，需要研究复杂得多的晶体模型结构。由于团聚效应是一个需要专门深入研究的问题，本次没有专门研究。本项研究直接通过观测获得小粒径土壤，如草甸土和潮土区，毛管水最大上升高度。

5.2.5 实证分析

毛管上升高度内的土壤，其含水率要高于上部土壤含水率。通过这一理论，对研究区典型地貌点不同土壤剖面的土壤含水率调查结果可反映其毛管上升高度。考虑植被根系吸水的作用，采用实测土壤含水率剖面曲线分析率定理论公式法计算的结果，以确定合理的毛管水上升高度。共选取 14 个调查点，其分布见图 5.2-6，土壤取样调查实景如图 5.2-7 所示。

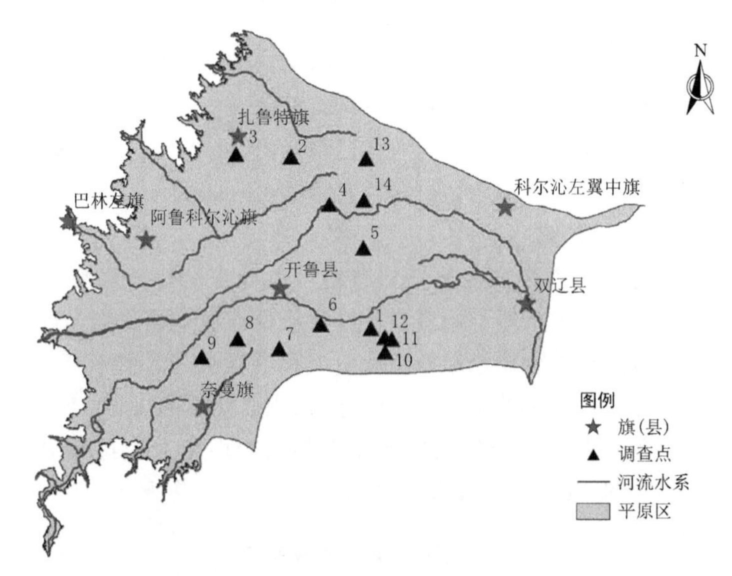

图 5.2-6 西辽河平原土壤取样点分布图

图 5.2-7 西辽河平原土壤取样调查实景

对西辽河平原进行野外实证。基于野外观测取样数据，点绘不同土壤类型的土壤含水率与土壤深度变化图，自潜水面开始土壤含水率由大到小发生急剧变化直到稳定，其高差即为实际毛管水上升高度。同时开展典型植物群落地下水埋深的调查。

1. 草原风沙土

本次开展的草原风沙土区土壤水分调查共选取 6 个取样点，其中科尔沁左翼后旗 2 个，奈曼旗 4 个。各点具体位置与地下水埋深见表 5.2－10。各点实测土壤含水率分布曲线见图 5.2－8～图 5.2－13。

表 5.2－10　　西辽河平原草原风沙土区取样点统计

取样点编号	位　置	经度/(°)	纬度/(°)	取样深度/m	地下水埋深/m
1	科尔沁左翼后旗	122.1184167	43.35427	2.5	3.64
6	奈曼旗	121.6733333	43.372	2.5	3.49
7	奈曼旗	121.3174833	43.21958	3.0	4.24
8	奈曼旗	120.94705	43.2745	3.0	4.5
9	奈曼旗	120.6331833	43.1544	3.0	4.24
12	科尔沁左翼后旗	122.24255	43.29802	3.0	3.0

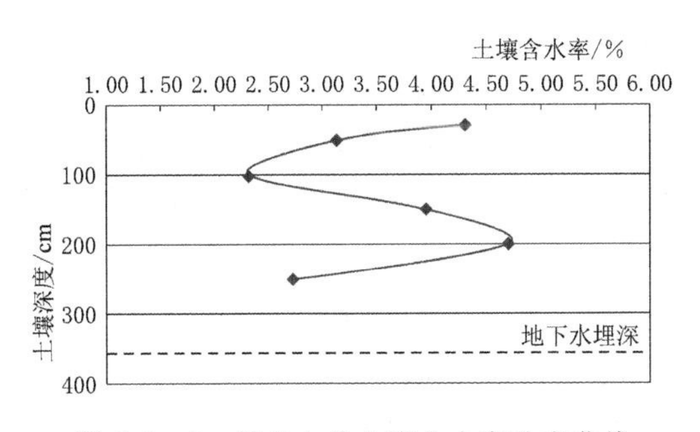

图 5.2－8　样点 1 的土壤含水率分布曲线

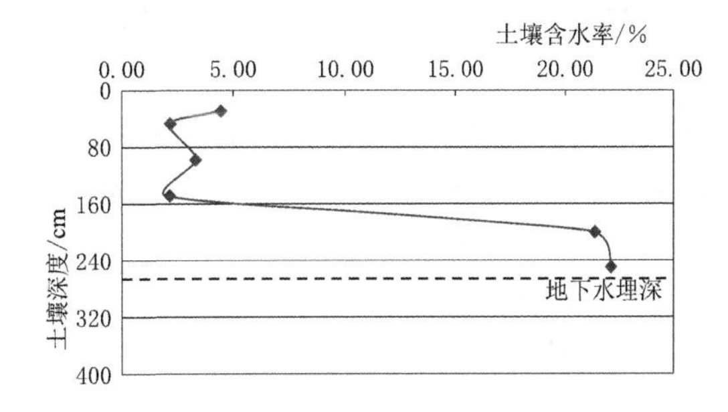

图 5.2－9　样点 6 的土壤含水率分布曲线

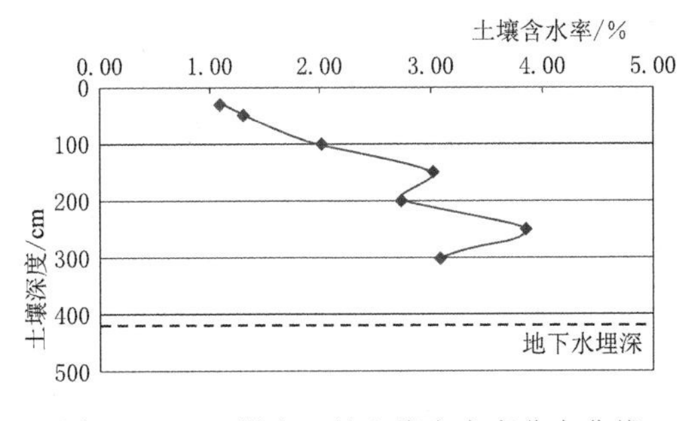

图 5.2－10　样点 7 的土壤含水率分布曲线

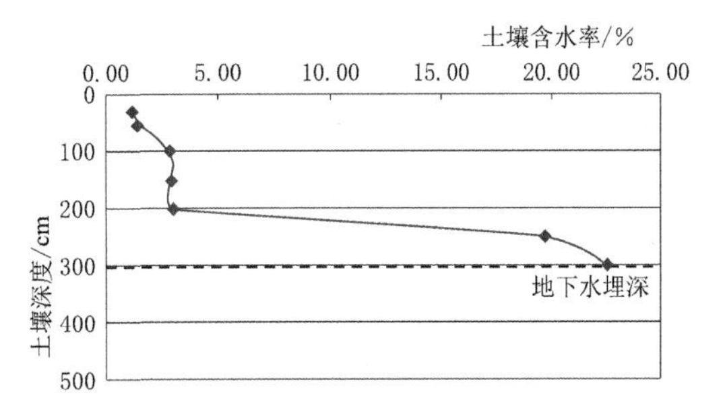

图 5.2－11　样点 8 的土壤含水率分布曲线

取样点 1 属科尔沁左翼后旗草原风沙土区坨甸地低洼处，距取样点 30m 处有一口地下水抽水井，埋深 3.69m，在 2.5m 处土壤含水率仍处于 5%以下，还未到达潜水影响区，毛管水上升高度要低于 1.19m。

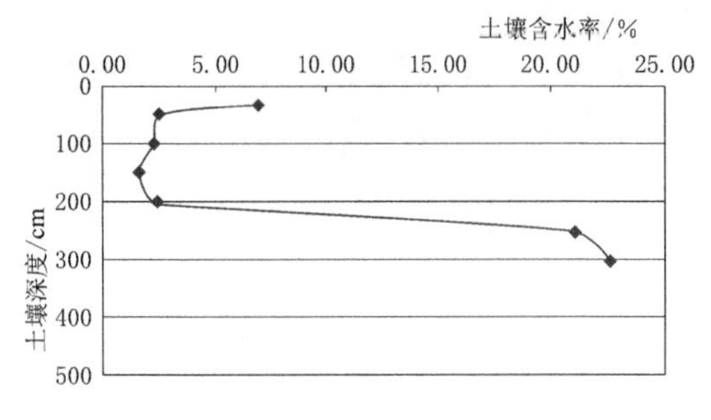

图 5.2-12　样点 9 的土壤含水率分布曲线

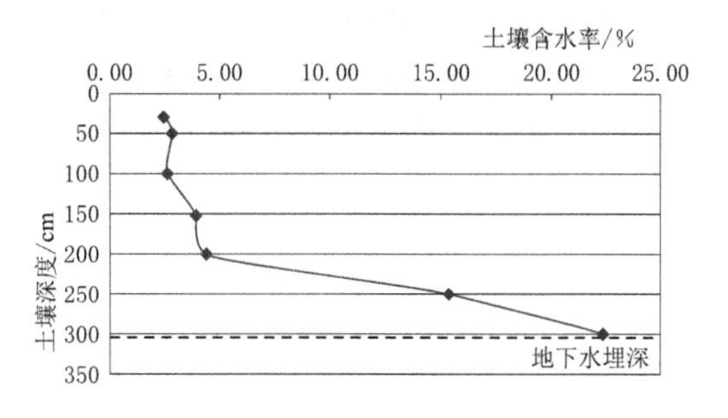

图 5.2-13　样点 12 的土壤含水率分布曲线

取样点 6 属草原风沙土退耕地，距取样点 130m 处有地下水抽水井，埋深约 3.49m，该井周围有堆土井台，高约 30cm，取样点位于周围低洼处，挖到 2.5m 左右土壤水已饱和，按此确定测点地下水埋深在 2.5m 左右，该点在 1.5m 处土壤含水率很小，到 2.0m 处土壤含水率激增，可以确定在 1.5～2.0m 之间存在着毛管水上升高度的上限，该点毛管水上升高度能达到 0.5～1m。

取样点 7 属草原风沙土坨甸地，距取样点约 1km 的农户中测量的地下水埋深为 4.24m，测点地势与地下水井处变化不大，测点在地下 3m 处，土壤含水率仍较小，说明该点毛管水上升高度要小于 1.24m。

取样点 8 属草原风沙土坨甸地低洼处，在距取样点 30m 的另一侧较高地段，有地下水抽水井，埋深约 4.5m，测点与该处的高差为 1～1.5m，测点土壤含水率在 3m 处基本达到饱和，在 2m 处土壤含水率较小，2.5m 处土壤含水率激增，说明在 2～2.5m 间存在着毛管水上升高度的上限，该点毛管水上升高度为 0.5～1m。其土壤含水率分布曲线见图 5.2-11。

取样点 9 位于草原风沙土流动沙丘的边缘灌木绿洲地，在距取样点 3km 左右的农户家中测量的地下水埋深约 4.2m，但该点距取样点太远，不具有参考价值，从该点土壤含水率取样剖面分析，在 3m 处地下水出露，土壤含水率已饱和。土壤含水率在 2.0m 处还很小，在 2.5m 处激增，说明 2.0～2.5m 之间存在着毛管水上升高度的上限，该点的毛管水上升高度为 0.5～1m。其土壤含水率分布曲线见图 5.2-12。

取样点 12 位于草原风沙土封育坨甸地的低洼地，该点周围没有找到地下水观测井，但土壤取样过程中，在 3m 埋深处土壤含水率达到饱和，在 2m 处土壤含水率还很小，2.5m 处已增大，说明在 2～2.5m 内存在毛管水上升高度的上限，由此分析该点的毛管水上升高度为 0.5～1m。其土壤含水率分布曲线见图 5.2-13。

从西辽河草原风沙土土壤取样调查结果分析可知，对草原风沙土类型的土壤，其毛管水上升高度基本维持在 0.5～1m。

草原风沙土区土壤水分调查共选取 6 个取样点，调查结果见表 5.2-11 和图 5.2-14。取样点的数据一致表明，毛管水上升高度在 1m 或略高于 1m，证明计算的毛管水最大上升高度 1.25m 合理、可靠。

2. 栗钙土

本次调查点中，栗钙土类型有两个，均位于扎鲁特旗境内。各点的具体位置见表

5.2-12。各点土壤含水率分布曲线见图5.2-15和图5.2-16。

表5.2-11　　西辽河平原草原风沙土区毛管水观测成果　　单位：m

取样点编号	取样时间	最大取样深度	地下水埋深	土壤含水率稳定位置	毛管水上升高度
1	2017年8月25日	2.5	3.64	>2.5	<1.19
6	2017年8月27日	2.5	2.60	1.5	1.1
7	2017年8月27日	3.0	4.24	>3.0	<1.24
8	2017年8月27日	3.0	3.0	2.0	1.0
9	2017年8月27日	3.0	3.0	2.0	1.0
12	2017年8月28日	3.0	3.0	2.0	1.0

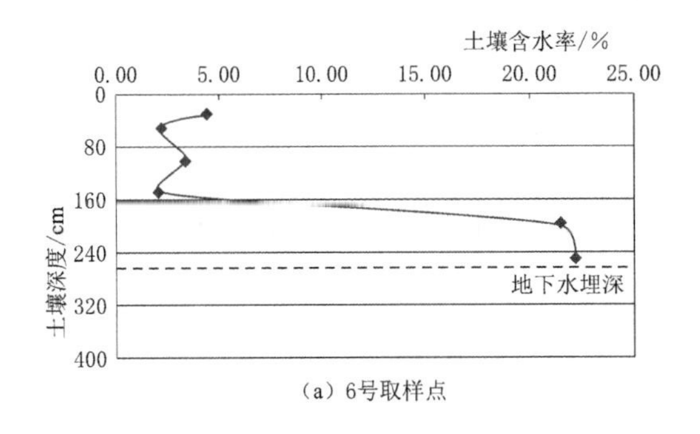

(a) 6号取样点

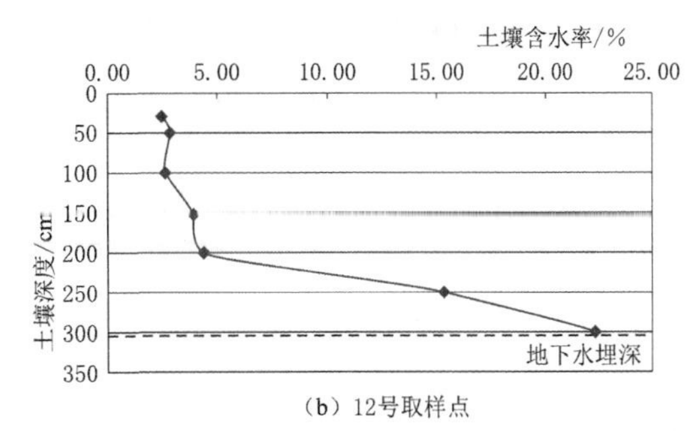

(b) 12号取样点

图5.2-14　草原风沙土区实测土壤含水率变化曲线

表5.2-12　　西辽河平原栗钙土区取样点统计

取样点编号	位置	经度/(°)	纬度/(°)	取样深度/m	地下水埋深/m
2	扎鲁特旗	121.3926	44.42553	2.5	6.34
3	扎鲁特旗	120.8957833	44.43165	0.7	6.22

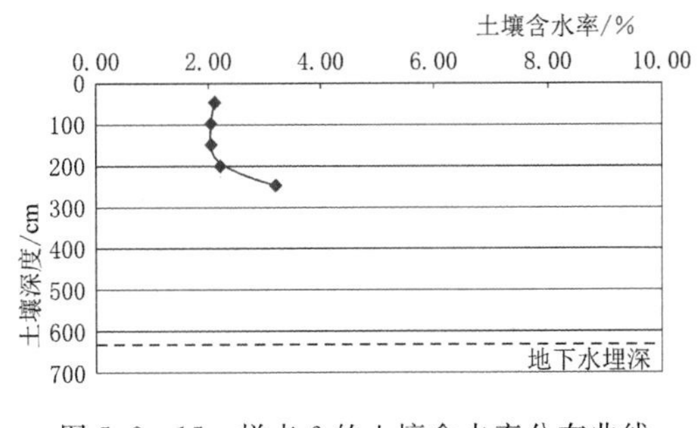

图5.2-15　样点2的土壤含水率分布曲线

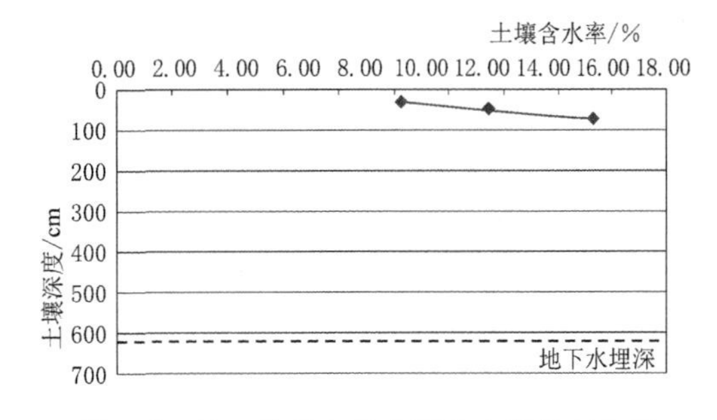

图5.2-16　样点3的土壤含水率分布曲线

取样点2位于扎鲁特旗东部湿地退化滩地处，属栗钙土性土。在距该点75m处测得牧民家地下水观测井埋深为6.34m，由于该处土质较硬，取样很困难，最深取到了2.5m，但此时土壤含水率仍很低，即毛管上升水的上限还不能到达地表以下2.5m处，但确切的毛管水上升高度也无法根据土壤含水率曲线推求。

取样点3位于扎鲁特旗南部50km的封育草原地，属暗栗钙土。在距该点1km处的村庄内测得大口井地下水埋深约 6.22m，但该点距取样点较远，且地势明显低于封育草原地，封育草原地的地下水埋深在 6m 以上。该点土质较硬，取样困难，土质中含有块石，取样只能取到 70cm 埋深处。其土壤含水率虽然随着埋深的增加而增大，但整体偏小，其毛管水上升高度也无法根据土壤含水率曲线测量获取。

受地下水埋深较深和土壤取样难度较大的影响，粟钙土地区毛管水上升高度无法通过土壤含水率曲线分析获得。

3. 潮土和草甸土

潮土是河流沉积物受地下水运动和耕作活动影响而形成的土壤，因有夜潮现象而得名，属半水成土。其主要特征是地势平坦、土层深厚。多数国家称此类土壤为冲积土或草甸土。研究区潮土和草甸土区共有 6 个调查取样点，各点具体位置见表 5.2-13。各点土壤含水率分布曲线见图 5.2-17～图 5.2-22。

表 5.2-13　　西辽河平原潮土和草甸土区取样点统计

取样点编号	位　置	经度/(°)	纬度/(°)	取样深度/m	地下水埋深/m
4	科尔沁左翼中旗	121.7353333	44.13073	1.55	4.7
5	科尔沁左翼中旗	122.0431667	43.85918	2.5	3.6
10	科尔沁左翼后旗	122.2474333	43.20872	1.0	1.0
11	科尔沁左翼后旗	122.3041833	43.28607	1.5	1.5
13	科尔沁右翼中旗	122.059	44.41887	1.5	1.5
14	科尔沁左翼中旗	122.04435	44.1606	2.19	2.19

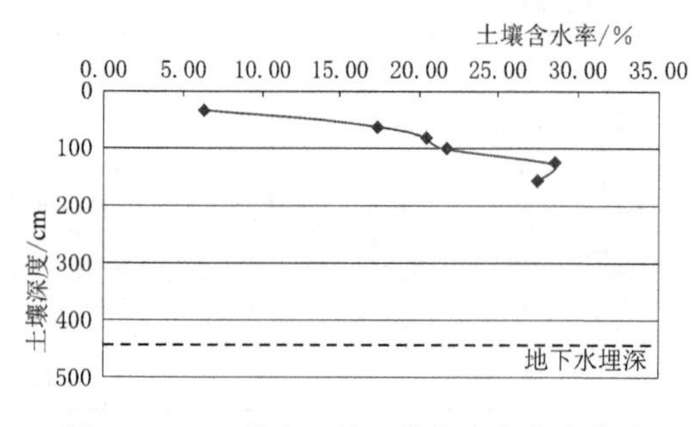

图 5.2-17　样点 4 的土壤含水率分布曲线

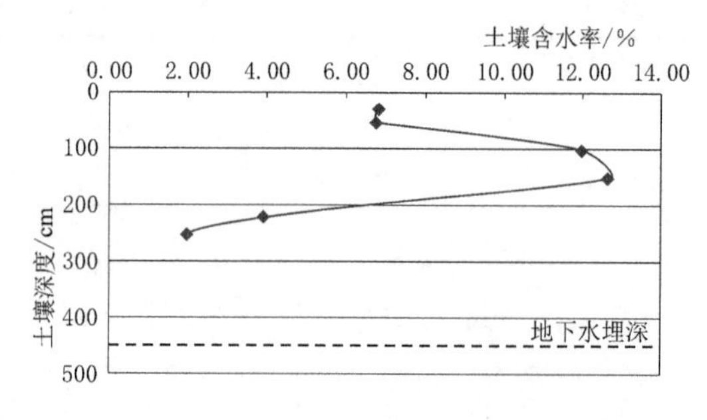

图 5.2-18　样点 5 的土壤含水率分布曲线

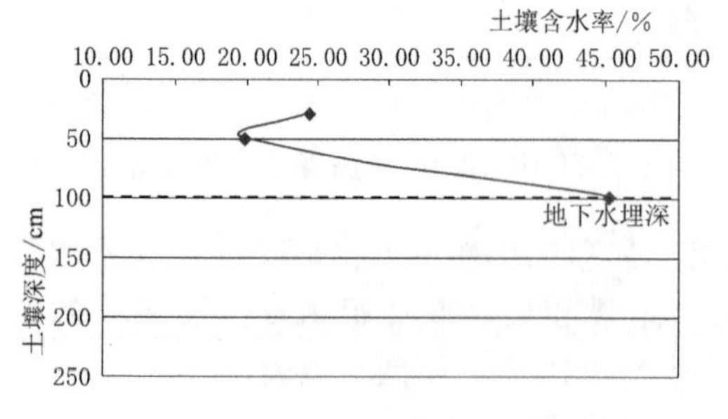

图 5.2-19　样点 10 的土壤含水率分布曲线

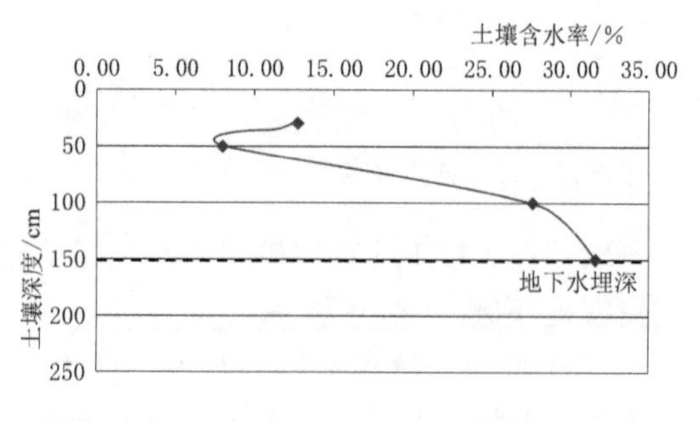

图 5.2-20　样点 11 的土壤含水率分布曲线

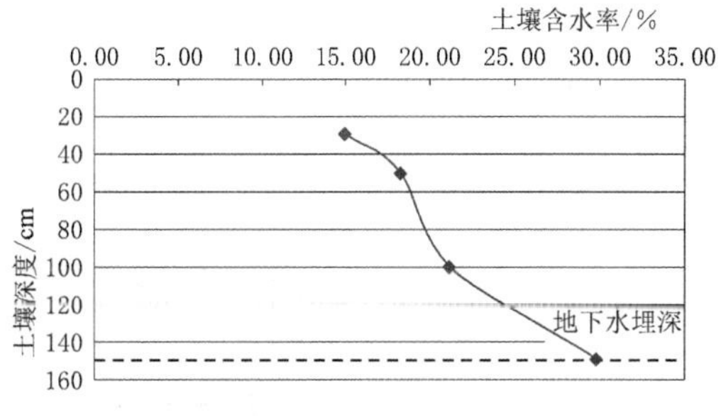

图 5.2-21 样点 13 的土壤含水率分布曲线

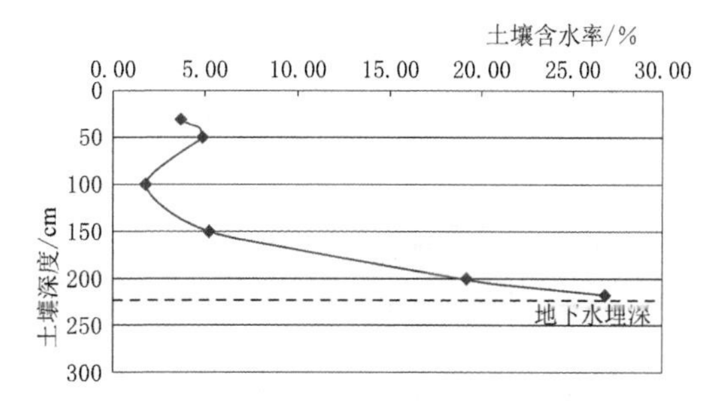

图 5.2-22 样点 14 的土壤含水率分布曲线

取样点 4 位于新开河旁玉米田盐化潮土地内，测点位于玉米地旁，有灌溉，测点地下水埋深在 4.5m 左右，受灌溉的影响，该点的土壤含水率不能用于估算毛管水上升高度。

取样点 5 属植被类型单一（虎尾草）的潮土，据当地居民介绍该点地下水埋深在 4.5m 左右，取样点 5 土壤取样最深深度为 2.5m，其土壤含水率在 1.5m 处较大，但随后又减小，到 2.5m 处，土壤含水率还很小，毛管水上升高度应在 2m 之内。

取样点 10 位于科尔沁左翼后旗湿生草甸地，属潮土，该点取样时，在 1m 处土壤水达到饱和，该点自地面往下都是湿润的土层，毛管水上升高度能够贯穿全层。

取样点 11 位于科尔沁左翼后旗距离 10 点不远处的封育湿生草甸地，属潮土。该处地下水埋深 1.5m。在土壤含水率的测量中，在 50cm 埋深处，土壤含水率较低，在 1.0m 处，土壤含水率激增，已接近饱和。该点毛管水上升高度应在 0.5～1.0m 之间。

取样点 13 位于科尔沁右翼中旗草甸土区，该点土壤水取样中，在 1.5m 处土壤水达到饱和，自 0.3m 往下，土壤含水率逐渐增加，且在 0.5m 处已增加到 20%，该处毛管水上升高度为 0.5～1m。

取样点 14 位于科尔沁左翼中旗，属潮土。该点土壤取样中在 2.19m 处土壤水已达饱和。在 1.0m 处土壤含水率较小，到 1.5m 处土壤含水率开始增加，在 2m 处土壤含水率激增。由此分析，该点的毛管水上升高度也为 0.5～1m。

根据潮土和草甸土土壤水取样成果分析，研究区潮土和草甸土毛管水上升高度也基本维持在 0.5～1m。

根据前述理论方法、经验公式法和实测法等不同的计算方法，以理论公式法计算为基础，辅以实地土壤含水率调查，确定研究区风沙土的毛管水上升高度为 0.5～1m，潮土和草甸土的毛管水上升高度为 0.5～1m，栗钙土的毛管水上升高度为 1.5m 左右。

潮土和草甸土区土壤水分调查共选取 6 个取样点，调查结果见表 5.2-14 和图 5.2-23。取样点的数据表明，在足够大的空间环境里，毛管水上升高度在 1m 以上，其最大值应该在 1.2m 或略高。根据试验结果分析，取潮土和草甸土的毛管水最大上升高度为 1.2m。

表 5.2-14　　西辽河平原潮土和草甸土区毛管水观测成果　　单位：m

取样点编号	观测时间	最大取样深度	地下水埋深	土壤含水率稳定位置	毛管水上升高度
4	2017 年 8 月 26 日	1.55	4.7	取样深度不够，样本无效	
5	2017 年 8 月 26 日	2.5	4.5	>2.5	<2.0

续表

取样点编号	观测时间	最大取样深度	地下水埋深	土壤含水率稳定位置	毛管水上升高度
10	2017年8月28日	1.0	1.0	0.5	0.5
11	2017年8月28日	1.5	1.5	0.5	1.0
13	2017年8月29日	1.5	1.5	0.3	1.2
14	2017年8月29日	2.19	2.0	1.0	1.19

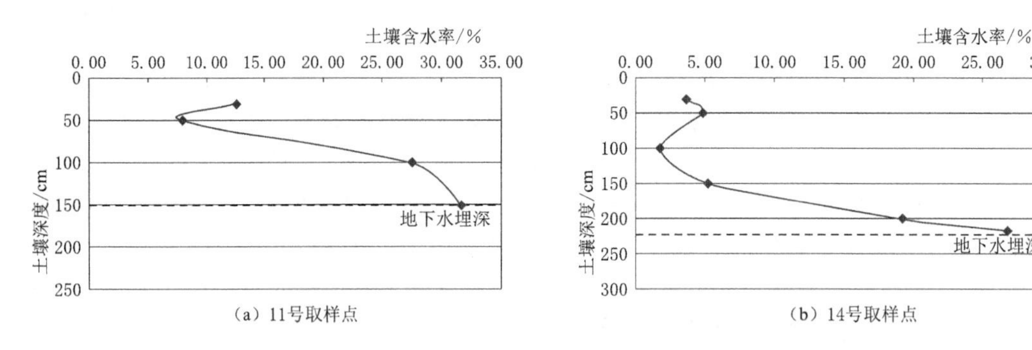

图 5.2-23 潮土和草甸土区实测土壤含水率变化曲线

5.2.6 潜水影响层水分分布

分析潜水影响层的分布可以计算得到不同深度处的潜水蒸发量。潜水影响层内部水分分布取决于毛管水上升高度，在土壤类型一定、温度一定条件下，上升高度主要与土壤颗粒排列后形成的孔隙与水的夹角有关，即

$$h = H\cos\varphi\left(0 \leqslant \varphi \leqslant \frac{\pi}{2}\right) \tag{5.2-15}$$

可以尝试从土壤孔隙特点出发，从土壤水与管壁的夹角分布规律入手对土壤水分分布函数进行理论推导。接触角 φ 在 $0 \sim \frac{\pi}{2}$ 之间均匀分布，毛管水上升高度在 $0 \sim H$ 都有可能出现，土壤含水率与毛管水上升有关，即土壤水分分布函数为

$$\omega = g(h) \tag{5.2-16}$$

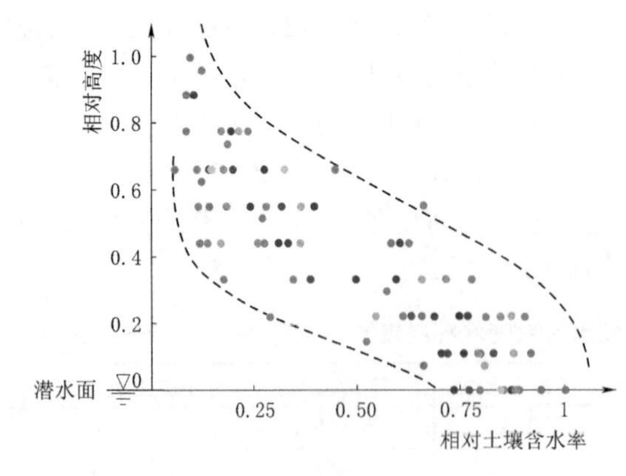

图 5.2-24 西辽河平原区潜水影响层内部土壤含水率分布

潜水影响层内水分运移驱动力为毛管力，阻抗为重力，可以用一般性的量能累积与释放的过程描述。因此，土壤水分分布函数应为S型分布，其边界条件为：潜水影响层下边界处，含水率 $\omega = \omega_s$；潜水影响层上边界处含水率 $\omega = \omega_0$。通过取样调查，并对取样点潜水影响层厚度和土壤含水率无量纲化处理，得到西辽河平原区潜水影响层内部土壤水分实测分布，详细如图 5.2-24 所示。

5.3 植被根系作用层

5.3.1 根系作用层的概念

群落根系作用层的定义：包含群落内所有植被的根、须，形成植被吸收土壤水分的共生体，具有对水分的吸收、传输、再分配功能。

半干旱区草原植物群落植物种较多，灌丛与各种草本植被根系混生，如图 5.3-1 所示。灌丛植物根系较粗深，草本植物浅细，形成一个吸收土壤水分的共生体。自然条件下，受气候、土壤水分、肥力、共生环境等多个因素的影响，植被根系历经了各种不同的生存条件，充分发育生长了侧根、毛根以及向下发挥吸收深部水分能力，厚度接近于一个常数，这是自然选择的结果。

图 5.3-1　半干旱平原区植物群落分布图
（注：拍摄于 2017 年 7 月 23 日，东经 122.360658°，北纬 42.858459°）

5.3.2 根系作用层工作原理与厚度的确定

半干旱区地表植被补水来自两个方面，除了降水从上补给之外，非地带性植物群落更多地受自下而上的潜水影响层的补给。植被根须与之相适应，以吸收来自潜水的土壤水并在植物种之间进行再分配为驱动力，形成了有序可循的群落根系作用层。其结构反映了不同植物种吸收与传输水分所具有的功能分工。

根系作用层结构：植物群落的植物种由灌丛与草本植被组成，以根系较粗深的灌丛植物为中心，根须浅细的草本植物为依附，形成一个分工明确、吸收土壤水分的共生结构。

根系作用层吸水与水分传导分配机理：当植物群落根系作用层与潜水影响层接触，灌丛的根须开始吸水，同时也将水分传输（康绍忠等，1994）。由于灌丛根系粗壮且质地连续，界面间的表面张力作用使得根须表面易吸附水分并且沿根茎连续体传输，其中一部分水分扩散到周边土壤，使得根须较浅的植被也获得水分补给。显然，灌丛从潜水影响层直接获得水分，从而成为其他部分植被尤其是草本植物的“供水者”。至此可以发现地下水对植被的补给由这几个步骤完成：首先，是依附潜水面形成由毛管上升水组成的潜水影响层；其次，当潜水影响层与植被根系作用层产生接触，灌丛优先获得水分吸收并沿根须向上及周边传导、输送、扩散水分；最后，那些在灌丛对水分再分配中惠及的植被获得补给，如图 5.3-2 所示。

如此，当根系作用层与潜水影响层接触越深入，则灌丛的“供水能力”越强，其他植物种获得补给的水分越充足，同时灌丛以外的植物种直接从潜水影响层获得补给的机会越大。群落的水分补给关系形成了以灌丛为中心的生长结构。反映在景观上也得到佐证：人们常观察到干旱或半干旱草原上，灌丛周边的草本植被往往更旺盛。顺便提及，在干旱区这种规律更常见：过渡带的稀疏植被都是以灌丛为中心依附少量草本，并且由于潜水蒸发不充分，灌丛之间都保持一定距离，看起来整齐有序很壮观。此现象都是这个原理。

植被根系作用层厚度：根据上述吸水原理，群落根系作用层的厚度由具有最深根的灌丛决定。

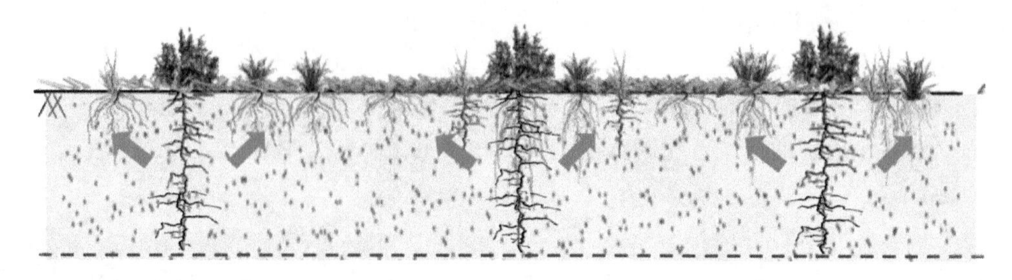

图 5.3-2 植被根系作用层结构与水分吸收及传导

5.3.3 植物群落水分补给与植物种演替

根据根系作用层的吸水原理，依据植被与潜水影响层有无接触分为直接吸水和间接吸水。

地下水最优埋深与临界埋深：理想的群落植被吸水方式须满足两个基本条件：一是群落中尽可能多的非地带性植物种可以直接吸水，就是充分吸水；二是植被根须不可穿越潜水影响层直接接触饱和含水层，持续的“泡水”将导致烂根甚至盐渍化。因此群落中非地带性植被最多获得地下水补给的条件是灌丛根须最大可能与潜水影响层深度接触，此时对应的地下水位可认为是地下水补给地表植被最优埋深。而根系作用层与潜水影响层发生接触，即是群落中根须最长的灌木直接吸收水，对应的地下水位是植物群落的临界埋深。潜水蒸发补给地表植物群落的最优埋深和临界埋深作为重要指标，对生态保护意义重大。地下水最优埋深和临界埋深的判定如图 5.3-3 所示。

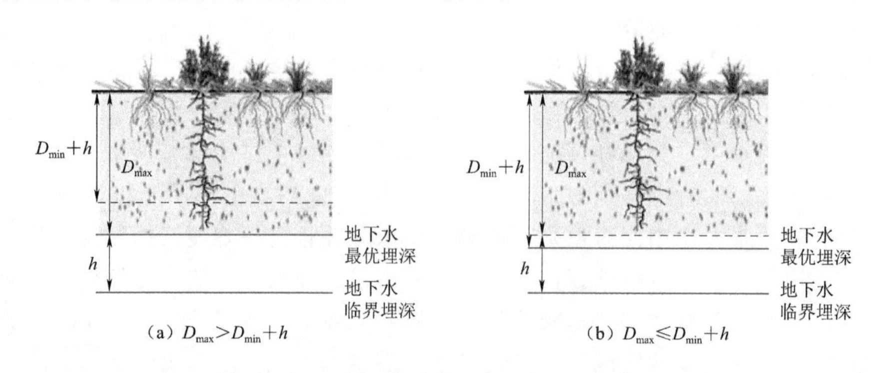

图 5.3-3 地下水最优埋深和临界埋深判定

植物群落植物种演替机制：自然条件下地下水位处于最优埋深和临界埋深之间，此时群落植被旺盛，物种丰富。当地下水位开始系统性下降，灌丛“供水量”减少时，那些依靠间接补水的植被按其由高到低的依赖程度开始凋零甚至消亡。当地下水位下降至临界埋深之下时，根系作用层与潜水影响层脱离，所有植被都得不到潜水蒸发补给。此时群落进入适者生存新阶段，那些需要潜水蒸发补给的植被先后消亡，而那些由降水补给即可生存的少数植物种迅速蔓延并替代非地带性植被成为主流，即演替性植物种。

5.3.4 野外调查实证

植被根系生长受土壤水分、肥力、共生环境等多个因素的影响，本研究中植被根系厚度为植被根系类型的一般值。

结合西辽河平原植被根系调查结果，参考《内蒙古草原植物根系类型》和《中国北方草地植物根系》（陈世鐄，1987；陈世鐄等，2001），系统总结各个调查点的植物根系深度、类型与植株特征，见表5.3-1～表5.3-13。

表5.3-1　科尔沁左翼后旗查金台牧场四队西南0.6km处植被根系及特征汇总

植物类型	类别	类型	根系深度/cm			根系类型	生长环境
			一般	大部分	最深		
白草	白草-猪毛菜-狗尾草群落	多年生	10～20	25	40	长根茎型	砂质土撂荒地，砂质草甸的优势种
猪毛菜		一年生	20	30		轴根型	草原和荒漠草原的伴生种，沙地和撂荒地可成为优势种
狗尾草		一年生		3～20		疏丛型	撂荒地、田间、路边、居民点，耐旱，根在3cm处分蘖
砂蓝刺头		一二年生	与植株高度相等，15～30			轴根型	中旱生植物，分布于荒漠草原或草原带，生于流动沙丘边缘、半固定沙地或砂质土壤上，也生长于干河沙滩上
马唐		一年生			20	疏丛型	旱中生，分布于田野、路边和沙地。大量入侵饲料基地，造成危害，根在地下1cm处分蘖
兴安胡枝子					100	轴根型	中生。主要出现在山地灌丛、疏林和林源，散生于荒漠草原、草甸草原和沙地
雾冰藜		一年生草本	50			疏丛型	出现在荒漠草原和荒漠地带。适宜生长在砂质地和沙丘上。固沙先锋植物
草麻黄				20	35	根孽型	旱生小灌木，主要分布于草原和荒漠草原地带，生于固定沙丘、山麓缓坡、石质山坡

表5.3-2　扎鲁特旗达米花羊铺植被根系及特征汇总

植物类型	类别	类型	根系深度/cm			根系类型	生长环境
			一般	大部分	最深		
黄蒿	黄蒿群落	一二年生	根系不甚发达，在沙地上主根有时深入40cm以下的土层中，而在石质丘陵坡地上，根深仅达20cm左右，侧根较发达	20	40	轴根型	属于温带旱生或中旱生草本，性耐干旱和寒冷。适生于丘陵坡地、河谷、河床固定沙丘、砂质草地、干山坡等砂质土壤上，在轻度盐渍化的土壤上生长尚好
苍耳		一年生				轴根型	产各地，生于山坡、草地、路旁。我国各地广布
狗尾草		一年生		3～20		疏丛型	撂荒地、田间、路边、居民点，耐旱，根在3cm处分蘖
虎尾草		一年生禾草	10～40cm与地表同，前提是水分条件较好			疏丛型	中生或中旱生。荒漠草原或半荒漠区。水分条件较差的地区，地下部分比地上部分好，但也不会超过40cm
画眉草		一年生禾本		20	30	疏丛型	中旱生。分布于田间、路旁或沙地上

表 5.3-3　扎鲁特旗嘎达苏种畜场一队植被根系及特征汇总

植物类型	类别	类型	根系深度/cm			根系类型	生长环境
			一般	大部分	最深		
大针茅	大针茅+兴安胡枝子群落	多年生丛生禾草		50	100	密丛型	旱生。亚洲中部草原建群植物之一。占据地带性生态环境。分布于山麓地带处。强度利用后，被耐旱和耐牧的克氏针茅取代
兴安胡枝子					100	轴根型	中生。主要出现在山地灌丛、疏林和林源，散生于荒漠草原、草甸草原和沙地
瓣蕊唐松草		多年生	须根较稀疏，长3～5cm，直径1～1.2mm			轴根型	生于海拔300～2500m山地草坡向阳处。在公路边、沟中及高海拔均有分布，它们几乎在各种环境均可生长，但总的来说喜阳
蒙古葱		多年生草本植物		3～6	10～15	综合型	旱生。分布于荒漠草原和荒漠地带，喜生于较轻砂质土和表面砂质化荒漠草原。极抗旱，可深入戈壁荒漠
白草		多年生	10～20	25	40	长根茎型	砂质土撂荒地，砂质草甸的优势种
黄蒿		一二年生	根系不甚发达，在沙地上主根有时深入40cm以下的土层中，而在石质丘陵坡地上，根深仅达20cm左右，侧根较发达	20	40	轴根型	属于温带旱生或中旱生草本，性耐干旱和寒冷。适生于丘陵坡地、河谷、河床固定沙丘、砂质草地、干山坡等砂质土壤上，在轻度盐渍化的土壤上生长尚好

表 5.3-4　科尔沁左翼中旗花吐古拉砖厂附近植被根系及特征汇总

植物类型	类别	类型	根系深度/cm			根系类型	生长环境
			一般	大部分	最深		
虎尾草	虎尾草	一年生禾草	10～40cm与地表同，前提是水分条件较好			疏丛型	中生或中旱生。荒漠草原或半荒漠区。水分条件较差的地区，地下部分比地上部分好，但也不会超过40cm

表 5.3-5　奈曼旗朝鲁吐林场东1.6km处植被根系及特征汇总

植物类型	类别	类型	根系深度/cm			根系类型	生长环境
			一般	大部分	最深		
画眉草	虎尾草+狗尾草-黄蒿-画眉草群落	一年生禾本		20	30	疏丛型	中旱生。分布于田间、路旁或沙地上
虎尾草		一年生禾草	10～40cm与地表同，前提是水分条件较好			疏丛型	中生或中旱生。荒漠草原或半荒漠区。水分条件较差的地区，地下部分比地上部分好，但也不会超过40cm

续表

植物类型	类别	类型	根系深度/cm			根系类型	生长环境
			一般	大部分	最深		
狗尾草	虎尾草+狗尾草-黄蒿-画眉草群落	一年生		3～20		疏丛型	撂荒地、田间、路边、居民点，耐旱，根在3cm处分蘖
黄蒿		一二年生	根系不甚发达，在沙地上主根有时深入40cm以下的土层中，而在石质丘陵坡地上，根深仅达20cm左右，侧根较发达	20	40	轴根型	属于温带旱生或中旱生草本，性耐干旱和寒冷。适生于丘陵坡地、河谷、河床固定沙丘、砂质草地、干山坡等砂质土壤上，在轻度盐渍化的土壤上生长尚好
苍耳						轴根型	产各地，生于山坡、草地、路旁。我国各地广布
蒺藜		一年生草本		10		轴根型	极耐旱。分布于典型草原、荒漠草原和荒漠带，散生于居民点、道路、水井附近
猪毛菜		一年生	20	30		轴根型	草原和荒漠草原的伴生种，沙地和撂荒地可成为优势种

表5.3-6　奈曼旗东奈林村西北方向3.6km处植被根系及特征汇总

植物类型	类别	类型	根系深度/cm			根系类型	生长环境
			一般	大部分	最深		
虎尾草	虎尾草+黄蒿-沙生针茅群落	一年生禾草	10～40cm与地表同，前提是水分条件较好			疏丛型	中生或中旱生。荒漠草原或半荒漠区。水分条件较差的地区，地下部分比地上部分好，但也不会超过40cm
黄蒿		一二年生	根系不甚发达，在沙地上主根有时深入40cm以下的土层中，而在石质丘陵坡地上，根深仅达20cm左右，侧根较发达	20	40	轴根型	属于温带旱生或中旱生草本，性耐干旱和寒冷。适生于丘陵坡地、河谷、河床固定沙丘、砂质草地、干山坡等砂质土壤上，在轻度盐渍化的土壤上生长尚好
沙生针茅		多年生禾草				密丛型，根系浅	旱生。荒漠化草原的主要建群中，草原化荒漠的伴生种。多生于沙壤质和碎石沙壤质棕钙土上。开始生长期依赖于降水
猪毛菜		一年生	20	30		轴根型	草原和荒漠草原的伴生种，沙地和撂荒地可成为优势种
雾冰藜		一年生草本	50			疏丛型	出现在荒漠草原和荒漠地带。适宜生长在砂质地和沙丘上。固沙先锋植物

表 5.3-7　　奈曼旗查干嘎查塔拉附近植被根系及特征汇总

植物类型	类别	类型	根系深度/cm			根系类型	生长环境
			一般	大部分	最深		
砂蓝刺头	砂蓝刺头-黄蒿群落	一二年生	与植株高度相等，15～30cm			轴根型	中旱生植物，分布于荒漠草原或草原带，生于流动沙丘边缘、半固定沙地或砂质土壤上，也生长于干河沙滩上
黄蒿		一二年生	根系不甚发达，在沙地上主根有时深入40cm以下的土层中，而在石质丘陵坡地上，根深仅达20cm左右，侧根较发达	20	40	轴根型	属于温带旱生或中旱生草本，性耐干旱和寒冷。适生于丘陵坡地、河谷、河床固定沙丘、砂质草地、干山坡等砂质土壤上，在轻度盐渍化的土壤上生长尚好
差巴嘎蒿						轴根型	
猪毛菜		一年生	20	30		轴根型	草原和荒漠草原的伴生种，沙地和撂荒地可成为优势种
兴安胡枝子					100	轴根型	中生。主要出现在山地灌丛、疏林和林源，散生于荒漠草原、草甸草原和沙地

表 5.3-8　　奈曼旗北包古图嘎查西北部 2km 处植被根系及特征汇总

植物类型	类别	类型	根系深度/cm			根系类型	生长环境
			一般	大部分	最深		
榆树	乔灌草三层	落叶乔木	200			轴根型	阳性树种，喜光，耐旱，耐寒，耐瘠薄，不择土壤，适应性很强。根系发达，抗风力、保土力强
北沙柳		灌木	50			轴根型	北沙柳为我国特有种，天然分布于我国于草原地区的沙地。北沙柳抗性强，喜温，耐寒，耐风沙，耐轻度盐碱，容易繁殖，生长快，萌芽力强
雾冰藜		一年生草本	50			疏丛型	出现在荒漠草原和荒漠地带。适宜生长在砂质地和沙丘上。固沙先锋植物
虎尾草		一年生禾草	10～40cm与地表同，前提是水分条件较好			疏丛型	中生或中旱生。荒漠草原或半荒漠区。水分条件较差的地区，地下部分比地上部分好，但也不会超过40cm
猪毛菜		一年生	20	30		轴根型	草原和荒漠草原的伴生种，沙地和撂荒地可成为优势种
荩草		一年生				疏丛型	生长山坡草地和阴湿处。全国各地都有分布
画眉草		一年生禾本		20	30	疏丛型	中旱生。分布于田间、路旁或沙地上
狗尾草		一年生		3～20		疏丛型	撂荒地、田间、路边、居民点，耐旱，根在3cm处分蘖

续表

植物类型	类别	类型	根系深度/cm			根系类型	生长环境
			一般	大部分	最深		
差巴嘎蒿	乔灌草三层	多年生半灌木		70	130～180	轴根型	中旱生沙生植物。广泛分布于松辽平原和呼伦贝尔高原沙地，以科尔沁沙地分布最广
兴安胡枝子					100	轴根型	中生。主要出现在山地灌丛、疏林和林源，散生于荒漠草原、草甸草原和沙地

表 5.3-9　科尔沁左翼后旗干珠苏莫嘎查东部 1.5km 处植被根系及特征汇总

植物类型	类别	类型	根系深度/cm			根系类型	生长环境
			一般	大部分	最深		
苔草	苔草-荩草-车前群落	多年生				疏丛型	莎草科，苔草属，喜潮湿，多生长于山坡、沼泽、林下湿地或湖边
荩草		一年生				疏丛型	生长山坡草地和阴湿处。全国各地都有分布
车前		多年生	10～20			疏丛型	车前子为多年生草本植物，喜温暖，阳光充足、湿润的环境，怕涝、怕旱，适宜于肥沃的砂质壤土种植
狗尾草		一年生		3～20		疏丛型	撂荒地、田间、路边、居民点，耐旱，根在 3cm 处分蘖

表 5.3-10　科尔沁左翼后旗准哈伦呼杜嘎查西部 1.2km 处植被根系及特征汇总

植物类型	类别	类型	根系深度/cm			根系类型	生长环境
			一般	大部分	最深		
芦苇	芦苇+拂子茅及杂草群落	多年生禾草				根茎型	内蒙古积水湖盆、湖盆边缘或临时积水湖盆和流沙丘间低地。根系深度随生境而异。在地下水埋深浅至 0.35m 处，根系深 0.2m；地下水埋深深至 5m 的沙丘处，根系埋深 1.35m；黏土地不定根长 2.2m，深入细沙层中
拂子茅		多年生草本植物			60	根茎型	中生牧草。主要分布于草原地带，为草甸优势种。散生于低洼地、盐化草甸低平地、沙地、浅沟、河岸和沙丘等处
黄蒿		一二年生	根系不甚发达，在沙地上主根有时深入 40cm 以下的土层中，而在石质丘陵坡地上，根深仅达 20cm 左右，侧根较发达	20	40	轴根型	属于温带旱生或中旱生草本，性耐干旱和寒冷。适生于丘陵坡地、河谷、河床固定沙丘、砂质草地、干山坡等砂质土壤上，在轻度盐渍化的土壤上生长尚好

续表

植物类型	类别	类型	根系深度/cm			根系类型	生长环境
			一般	大部分	最深		
蒙古葱	芦苇+拂子茅及杂草群落	多年生草本植物		3～6	10～15	综合型	旱生。分布于荒漠草原和荒漠地带，喜生于较轻砂质土和表面砂质化荒漠草原。极抗旱，可深入戈壁荒漠
兴安胡枝子					100	轴根型	中生。主要出现在山地灌丛、疏林和林源，散生于荒漠草原、草甸草原和沙地

表 5.3-11　科尔沁左翼后旗 304 国道西侧路旁、距把润呼伦呼都嘎查 3km 处植被根系及特征汇总

植物类型	类别	类型	根系深度/cm			根系类型	生长环境
			一般	大部分	最深		
黄蒿	黄蒿+狗尾草-东北木蓼-狭叶锦鸡儿群落，有稀疏柳树分布	一二年生	根系不甚发达，在沙地上主根有时深入40cm以下的土层中，而在石质丘陵坡地上，根深仅达20cm左右，侧根较发达	20	40	轴根型	属于温带旱生或中旱生草本，性耐干旱和寒冷。适生于丘陵坡地、河谷、河床固定沙丘、砂质草地、干山坡等砂质土壤上，在轻度盐渍化的土壤上生长尚好
狗尾草		一年生		3～20		疏丛型	撂荒地、田间、路边、居民点，耐旱，根在3cm处分蘖
东北木蓼		小灌木				轴根型	旱生。中国东北种。沙地草原的偶见种。生于草原的沙丘或砂质坡地
狭叶锦鸡儿		矮灌木				轴根型	旱生。分布于荒漠草原和典型草原西部。鄂尔多斯西部砂质平原的建群种
假苇拂子茅		多年生				疏丛型	是低湿地草甸或沼泽化草甸的优势种或主要伴生种，习生于平原或山地中、低山带各大河流的河漫滩及河流冲积平原，地下水位较高的沙丘间平地或沙地，沙漠中的淡水湖盆地四周，也见于黄土丘陵的沟谷低地和灌溉农区的渠沟边、田埂、撂荒地或路边低洼处

表 5.3-12　科尔沁左翼中旗 111 国道东侧路旁，距好腰苏木约 2km 处植被根系及特征汇总

植物类型	类别	类型	根系深度/cm			根系类型	生长环境
			一般	大部分	最深		
虎尾草	虎尾草群落	一年生禾草	10～40cm与地表同，前提是水分条件较好			疏丛型	中生或中旱生。荒漠草原或半荒漠区。水分条件较差的地区，地下部分比地上部分好，但也不会超过40cm
兴安胡枝子					100	轴根型	中生。主要出现在山地灌丛、疏林和林源，散生于荒漠草原、草甸草原和沙地

表 5.3-13 科尔沁左翼中旗111国道东侧路旁，距公恩仓嘎查约1.5km处植被根系及特征汇总

植物类型	类别	类型	根系深度/cm			根系类型	生长环境
			一般	大部分	最深		
虎尾草	虎尾草-猪毛菜群落	一年生禾草	10～40cm 与地表同，前提是水分条件较好			疏丛型	中生或中旱生。荒漠草原或半荒漠区。水分条件较差的地区，地下部分比地上部分好，但也不会超过40cm
猪毛菜		一年生	20	30		轴根型	草原和荒漠草原的伴生种，沙地和撂荒地可成为优势种
委陵菜		多年生				轴根型	星毛委陵菜是温带、暖温带草原性的旱生、中旱生植物，广泛分布在我国森林草原及典型草原地带。生长在不接受地下水影响的高原、丘陵或山坡地，土壤为淡栗钙土、栗钙土、暗栗钙土或黑垆土、浅黑垆土、山地栗钙土等，质地可自壤质、砂壤质、砂质到砾石质，能忍耐较强石质化生境，说明其具有较强的耐旱性和石生性
蓼		多年生				疏丛型	生于草甸草原、沙地、林缘草甸等地
黄蒿		一二年生	根系不甚发达，在沙地上主根有时深入40cm以下的土层中，而在石质丘陵坡地上，根深仅达20cm左右，侧根较发达	20	40	轴根型	属于温带旱生或中旱生草本，性耐干旱和寒冷。适生于丘陵坡地、河谷、河床固定沙丘、砂质草地、干山坡等砂质土壤上，在轻度盐渍化的土壤上生长尚好
蒺藜		一年生草本		10		轴根型	极耐旱。分布于典型草原、荒漠草原和荒漠带，散生于居民点、道路、水井附近和过度放牧地带
兴安胡枝子					100	轴根型	中生。主要出现在山地灌丛、疏林和林源，散生于荒漠草原、草甸草原和沙地

其他学者也对区域植被进行了相关调查。沙生植被是区域内主要的植被类型，刘瑛心给出了沙生植物根系深度的范围（刘瑛心，1987），史小红等（2006）对科尔沁沙地植物根系类型做了总结，认为草本植物根系在50cm，半灌木根系在50～150cm，灌木根系在100～300cm。而张继义等认为灌木的根系的大部分分布在1.40m的土层内（张继义等，2006）。

同一群落，由于植物类型不同，其根系深度也不相同；对同种类型的植物，受水分条件限制，其根系深度也有差异，因此，确定植被根系层的厚度是具有一定难度的，本书给出了研究区广泛分布的主要植物的最具代表性的根系深度。根据植被调查和不同类型植被根系深度调查，草本植被根系基本确定为0.5m以内，灌木半灌木植被根系深度确定为1.5m左右，乔木植被根系确定为6.0m左右。

5.3.5 根系作用层厚度确定

不同植物水分利用策略不同，同一群落，由于植物类型不同，其根系深度也不相同；对同种类型的植物，受水分条件限制，其根系深度也有差异，本次给出了研究区广泛分布的主要植物的最具代表性的根系深度。

根据前述野外植被和根系的深度调查以及相关文献资料考证，草本植被根系基本确定为0.50m以内，灌木半灌木植被根系深度确定为1.50m左右。最终取灌木根系深度1.50m为植被根系作用层厚度，用以计算潜水蒸发补给植被临界埋深，以草本植被根系深度近似计算最优埋深。

5.4 地下水补给植被的临界埋深

5.4.1 典型区地下水补给植被临界埋深与最优埋深计算

结合不同土壤的潜水影响层厚度和植被根系情况，分析计算不同区域的地下水补给植被的临界埋深和最优埋深，见表5.4-1。

表5.4-1　　地下水补给植被的最优埋深与临界埋深

土壤类型	风沙土		潮土和草甸土		栗钙土		棕钙土		黑钙土	
潜水影响层厚度/m	1.24		1.00		1.43		1.67		1.01	
植被类型	草本	灌木	草本	灌木	草本	灌木	草本	灌木	草本	灌木
根系深度/m	0.50	1.50	0.50	1.50	0.50	1.50	0.50	1.50	0.50	1.50
埋深情况	最优埋深	临界埋深	最优埋深	临界埋深	最优埋深	临界埋深	最优埋深	临界埋深	最优埋深	临界埋深
西辽河平原/m	1.74	2.74	1.50	2.50	1.93	2.93	—		—	
鄂尔多斯/m	1.74	2.74	—		—		2.17	3.17		
锡林浩特/m	—		—		1.93	2.93	—		—	
呼伦贝尔/m	—		—		1.93	2.93	—		1.51	2.51

根据地下水补给植被的原理，以灌丛根系深度作为植被根系作用层厚度与潜水影响层厚度相加为地下水补给植被临界埋深，作为最优埋深。以西辽河平原为例，地下水补给植被临界埋深为2～3m、最优埋深为1～2m。

5.4.2 西辽河平原现存植物群落生态地下水位

西辽河平原已发生剧烈变化，自然草原生态仅存不足天然状态1/7的面积。根据对西辽河现存的8404km^{2}的天然草原开展调查，详细调查过程见本书第6章，现存植物种255种，分属19个植物群落，通过对每个植物群落所属的土壤类型、群落中植物种根系的调查和查询，得到每个群落所在土壤的潜水影响层厚度、群落中优势物种根系范围等参数，确定各群落地下水最优埋深和地下水临界埋深，详细见表5.4-2、图5.4-1和图5.4-2。

表 5.4-2　　西辽河平原现状植物群落生态地下水位　　单位：m

群落	潜水影响层厚度 h			植物群落根系作用层		地下水最优埋深			地下水临界埋深		
	栗钙土	风沙土	潮土、草甸土	植物群落物种根系范围	植物群落根系作用层厚度	栗钙土	风沙土	潮土、草甸土	栗钙土	风沙土	潮土、草甸土
芦苇群落	1.43	1.25	1	0.04～0.7	0.7	1.47	1.3	1.04	2.13	1.95	1.7
苔草群落	1.43	1.25	1	0.1～0.9	0.9	1.53	1.35	1.1	2.33	2.15	1.9
苔草＋委陵菜	1.43	1.25	1	0.12～1.0	1.0	1.55	1.37	1.12	2.43	2.25	2.0
羊草＋苔草	1.43	1.25		0.15～1.1	1.1	1.58	1.4		2.53	2.35	
羊草	1.43	1.25		0.2～1.1	1.1	1.63	1.45		2.53	2.35	
羊草＋胡枝子	1.43	1.25		0.2～1.2	1.2	1.63	1.45		2.63	2.45	
大针茅	1.43			0.2～1.2	1.2	1.63			2.63		
寸草苔	1.43	1.25		0.2～1.2	1.2	1.63	1.45		2.63	2.45	
糙隐子草	1.43	1.25		0.25～1.2	1.2	1.63	1.45		2.63	2.45	
糙隐子草＋胡枝子	1.43	1.25		0.25～1.3	1.3	1.68	1.5		2.73	2.55	
冰草＋猪毛蒿	1.43	1.25		0.25～1.3	1.3	1.68	1.5		2.73	2.55	
猪毛蒿	1.43	1.25		0.25～1.4	1.4	1.68	1.5		2.83	2.65	
百里香	1.43	1.25		0.3～1.4	1.4	1.73	1.55		2.83	2.65	
冷蒿	1.43	1.25		0.3～1.5	1.5	1.73	1.55		2.93	2.75	
胡枝子	1.43	1.25		0.3～1.5	1.5	1.73	1.55		2.93	2.75	
麻黄	1.43	1.25		0.3～1.6	1.6	1.73	1.6		3.03	2.85	
麻黄＋胡枝子		1.25		0.3～1.6	1.6		1.6			2.85	
小叶锦鸡儿	1.43	1.25		0.35～1.5	1.5	1.78	1.6		2.93	2.75	
盐蒿		1.25		0.4～1.7	1.7		1.7			2.95	

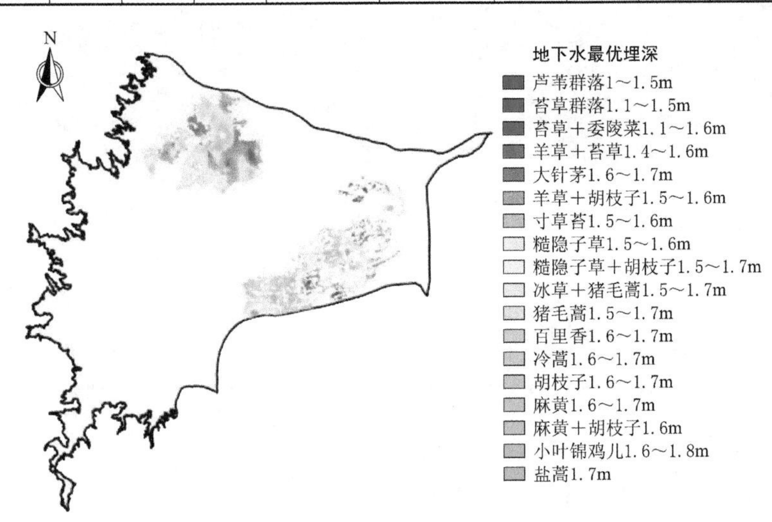

图 5.4-1　西辽河平原现状植物群落地下水最优埋深分布

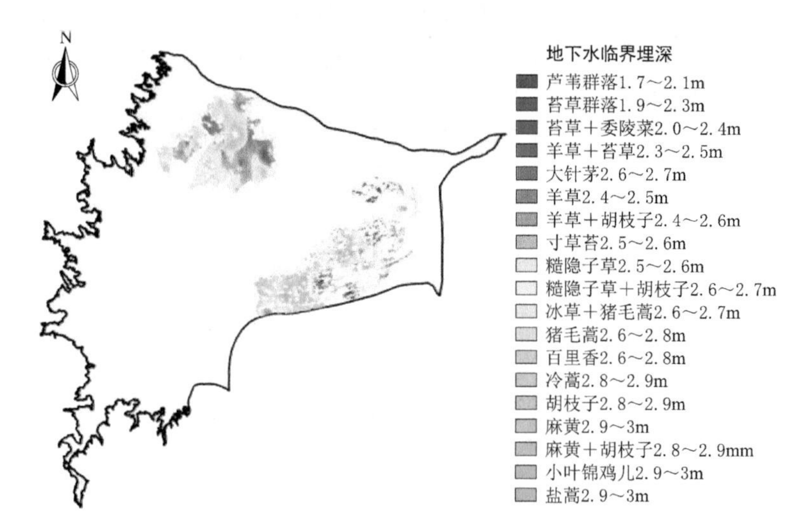

图 5.4-2 西辽河平原现状植物群落临界地下水临界埋深分布

5.4.3 典型植物群落地下水埋深实证分析

通过野外调查资料，如图 5.4-3 和表 5.4-3 所示，观测了西辽河平原不同草甸、灌木植被类型与地下水埋深的关系，验证了原生非地带性植被地下水的临界埋深。

对不同类型植被与地下水埋深的野外观测结果表明，原生非地带性植被对应的地下水埋深草本在 2m 以内，灌木半灌木在 3m 以内，而演替性植被对应的地下水埋深均大于 3m。实地观测表明，非地带性植被地下水补给临界埋深小于 3m，与理论分析计算吻合。

(a) 苔草+芦苇群落（G=1.2m） (b) 小叶锦鸡儿群落（G=2.3m）

(c) 差巴嘎蒿群落（G=4.0m） (d) 沙蓬群落（G>6m）

图 5.4-3 不同埋深条件下植物群落

表 5.4-3　　西辽河平原草地地下水临界埋深实证分析

草地类型		非地带性		演替性	地带性
植被形态		湿生草甸	灌木半灌木	灌木半灌木	沙生植被
代表性植物群落		苔草群落、芦苇群落	小叶锦鸡儿群落	差巴嘎蒿群落	沙蓬群落
生态属性		天然原生植被		演替初级阶段植物群落	沙生先锋群落
地下水条件		地下水补给较充分		失去地下水补给的适应阶段	无地下水补给
实地观测测	观测时间	2017 年 8 月 1 日	2017 年 8 月 5 日	2017 年 8 月 2 日	2017 年 8 月 4 日
	经度/(°)	123.056	121.40	120.95	121.59
	纬度/(°)	43.65	44.42	43.27	43.71
	植物种群	无芒雀麦、羊草、车前、蒙古羊茅、独行菜、丝叶苦荬、披针叶黄华、大叶芹、三棱苔草、风毛菊、蒲公英、荩草、繁缕、女菀、旱熟木、芦苇、旋覆花、酸模叶蓼、水葱	羊草、小叶锦鸡儿、野韭、胡枝子、雾冰藜、冷蒿、灰绿藜、苜蓿、虫实、野糜子、狗尾草、隐子草、双齿葱、甘草、大麻、硬阿魏、打碗花	差巴嘎蒿、蒺藜、冷蒿、小叶锦鸡儿、乳浆大戟、虫实、雾冰藜、灰绿藜、披针叶黄华、硬阿魏、砂蓝刺头、狗尾草、麻黄	沙蓬、蒺藜、灰绿藜
	地下水埋深/m	1.2	2.3	4	>6

第 6 章　西辽河平原草原生态水文调查评价

本章对半干旱区典型流域西辽河平原草原生态演变进行了调查评价。一是对历史调查研究资料进行梳理，二是对现存的天然草原进行全面深入的实地调查。在调查研究基础上进行分析评价。

6.1　草原植被历史调查考证

西辽河平原区较大规模的草地资源调查工作先后进行了 3 次。最早是在 1937 年对扎鲁特旗草地的调查；第二次调查是 1961—1964 年对内蒙古和宁夏地区开展的综合考察，包括了科尔沁草地的西辽河平原；第三次调查是根据国家科学技术委员会、原国家农业委员会下达的重点科研任务，在 1980—1985 年对内蒙古的“科尔沁片”进行了草地资源调查。

高耀山等（1994）在内蒙古草原勘察设计院汇总的原科尔沁片草地资源调查资料的基础上，收集了原哲里木盟所辖的现东三省的 24 个县（市）和突泉县草地资源资料，全面归纳了 1980 年以来草地资源调查研究的成果，对总面积 27.7 万 km^2 的科尔沁草地的植被区系进行了总结，科尔沁草地共有植物 1642 种，分属 124 科、541 属。刘新民等（1996）根据有关研究资料的记载，整理了科尔沁沙地植物名录，共计有 1112 种植物，分属 113 科、461 属。前人对科尔沁草原植物种组成的记载因统计范围不同而出现植物种数不统一的情况。本成果系统梳理了 20 世纪 80 年代以来的西辽河流域植物种组成情况的各类调查考证资料，主要参考《内蒙古植物志》、《中国沙漠植物志》（刘瑛心，1987）、《内蒙古植被》、《中华人民共和国植被图》等有关研究资料，整理了 20 世纪 80 年代西辽河平原植物种组成和植物群落分布情况，同时进行排查甄别，以此作为接近天然状态本底。

由于 20 世纪 80 年代调查范围广、调查项目齐全，资料整理较多，并且处于改革开放启动初始，故将其作为接近自然状态（适当参考 20 世纪 60 年代的调查，主要是植物种数的变化）主要资料依据。因此本次研究进行了补充整理和分析。

6.1.1　草原分布

20 世纪 80 年代西辽河平原平均地下水埋深为 2.32m，尚未进行大规模开发。天然草原面积 39933km^2，农灌区面积 12310km^2，农牧比约为 1∶4。西辽河平原草地包含天然草原、退化草地、沙地和人工草地四种类型，如图 6.1-1 所示。其中天然草原植被受人为干扰影响较小，植被物种多样性丰富，植被覆盖度高，保持天然属性的草原是进行草原生态恢复的基因库。西辽河平原的人工草场多种植经济作物（如苜蓿）植被覆盖度高但组成单一，面积很小。退化草地受人为干扰强烈，植被组成多为演替植被，植被覆盖度低；

沙地沙头裸露，植被稀少，仅有沙蓬等先锋植物生长，基本丧失草原的天然属性。

（a）天然草原　（b）人工草场

（c）退化草地　（d）流动沙地

图 6.1-1　西辽河平原不同类型生态单元

1. 天然草原分布

天然草原主要分布在固定沙地，19 世纪 80 年代初，西辽河平原天然草地面积为 39933km²，占草原总面积的 85.55%。天然草原广泛分布在各旗县，各旗县天然草原面积见表 6.1-1。发育良好的固定沙地植物群落的植物种组成一般有 25～35 种，发育中等的一般有 20～30 种，发育较差的只有 15～20 种。

表 6.1-1　西辽河平原 19 世纪 80 年代初各旗县草地面积统计表　单位：km²

行政区	天然草地面积	退化草地面积	沙地
科尔沁左翼中旗	5475	210	0
扎鲁特旗	7745	249	0
开鲁县	1967	255	0
通辽市	859	115	29
库伦旗	474	59	13
奈曼旗	3713	1934	539
科尔沁左翼后旗	6221	555	0
阿鲁科尔沁旗	6106	324	98
巴林右旗	1403	78	25
翁牛特旗	2172	684	521

续表

行政区	天然草地面积	退化草地面积	沙地
敖汉旗	1280	80	22
巴林左旗	367	10	0
科尔沁右翼中旗	1690	70	0
双辽市	461	0	0
总计	39933	4623	1247

2. 退化草地分布

退化草地主要分布在半固定半流动沙地，发育良好的植物群落的植物种组成一般有5～10种，发育中等的一般有5～7种，发育较差的只有3～5种。草地植被的退化是群落建群种逐步更替，植被盖度、密度和地上生物量逐步下降的过程。差巴嘎蒿即是一种典型的退化植被，主要生长在半固定的沙丘，在沙地植被的演替过程中处于过渡性的中间位置。当沙地逐渐趋于固定，差巴嘎蒿会逐渐消退；当沙化进一步加剧成流动沙地时，差巴嘎蒿会大量减少，且随着沙化的加剧，沙地植被也会发生相应变化，沙米、沙竹则成为优势种甚至成为独有种。

19世纪80年代初，西辽河平原退化草地面积为4623km^2，占草原总面积的9.90%。表6.1-1统计了80年代初西辽河平原各旗县退化草地面积，可以看出，80年代初西辽河平原所有旗县草原均有不同的退化，其中奈曼旗、翁牛特旗和科尔沁左翼后旗3个旗县的退化草地面积为3173km^2，占退化草地面积的68.64%。这个时期，西辽河平原的退化草地面积不呈大片分布，仅以零星、斑点状出现，较多散布于乌力吉木仁河、西拉木伦河、新开河等河流沿岸的草地中，也有一定面积在水井、居民点周围形成同心圆状的退化圈。

3. 沙地

沙地表现为沿河流延伸数十公里成狭长的地带，地表沙丘连接成片，活动程度为流动沙丘，草地覆盖度小于10%。19世纪80年代西辽河平原沙地面积为1247km^2，占草原总面积的2.67%。主要集中在翁牛特旗和奈曼旗，老哈河流经沙地的河流沿岸，沙丘活动尤为剧烈，以流动沙丘为主。另在赤峰的阿鲁科尔沁旗、巴林右旗、敖汉旗和通辽的库伦旗、通辽市区也有小面积分布。

沙地多雨少风年份一般由3～5种植物组成，少雨年份或生长发育较差的群落只有1～2种。分布最广的沙生先锋植物是沙蓬、沙地旋复花和黄蒿，其他常见的一年生植物还有藜科的雾冰藜属、虫实属的几个种。

4. 人工草地

西辽河平原人工草地的建设是在中华人民共和国成立以后逐渐发展起来的。1950年在通辽南部库伦旗沙地种植锦鸡儿获得成功，是通辽人工种植饲草最早的记载。1956—1958年，先后引进种植了白花草木樨、黄花草木樨等牧草，开始建立人工草地。20世纪60年代初，西辽河平原的人工草地建设步伐加快，人工草地面积已发展到130km^2。到1975年“全国牧区畜牧工作座谈会”后，人工草地建设有了较快发展，仅通辽人工草地由1973年的127km²发展到1979年的779km²，种植适合当地风土条件的高产、优质牧草。80年代初，西辽河平原人工草地面积达873.32km²，占草原总面积的1.87%。其中多年生牧草646.01km²，一年生牧草70.56km²，青贮饲料种植面积156.75km²，见表6.1-2。

表6.1-2　　西辽河平原人工草地面积统计　　单位：km²

行政区	人工草地面积			总面积
	多年生牧草	一年生牧草	青贮饲料	
科尔沁左翼中旗	40.80	19.33	41.05	101.18
扎鲁特旗	8.80	0.44	4.43	13.67
开鲁县	6.33	20.67	7.67	34.67
通辽市	4.67	6.67	36.00	47.34
库伦旗	10.01	0.00	5.43	15.44
奈曼旗	121.11	1.23	2.39	124.73
科尔沁左翼后旗	62.32	7.05	52.25	121.62
阿鲁科尔沁旗	99.27	8.10	1.52	108.89
巴林左旗	7.55	0.00	0.11	7.66
巴林右旗	31.96	0.00	1.93	33.89
翁牛特旗	66.62	0.00	2.54	69.16
敖汉旗	123.98	0.00	0.22	124.20
科尔沁右翼中旗	12.21	7.07	1.21	20.49
双辽市	50.38	0	0	50.38
总计	646.01	70.56	156.75	873.32

6.1.2 草原植物群落

《中华人民共和国植被图》反映了20世纪80年代至90年代中期我国的植被分布情况，详细记录了中国植被的区域分异特点，将全国8个植被区域分为116个植被区和464个植被小区，图件详细阐述了各区划单元的地理位置、自然特点、植被组合特点。通过对西辽河平原区的植被分布进行GIS处理，获取80年代平原植物群落分布。20世纪80年代西辽河平原草原植物群落类型丰富，有25个主流群落，群落平均面积1597km²，群落平均植物种数37种。植物群落分布如图6.1-2所示。

天然草原包含23个植物群落，分别是羊草群落、大针茅群落、小糠草群落、长芒草群落、苔草群落、拂子茅群落、芦苇群落、线叶菊群落、芨芨草群落、小叶锦鸡儿群落、榆树+洽草群落、糙隐子草群落、虎榛子群落、针蔺+苔草群落、山杏群落、地榆群落、绣线菊群落、克氏针茅群落、獐毛盐生草甸群落、贝加尔针茅群落、铁秆蒿群落、修氏苔沼泽化草甸、碱蓬盐生草甸。天然草原的植物群落物种丰富，较为常见的羊草群落，羊草、旱生丛生禾草（大针茅、糙隐子草、冰草等）、根茎禾草（野古草、大油芒）、苔草

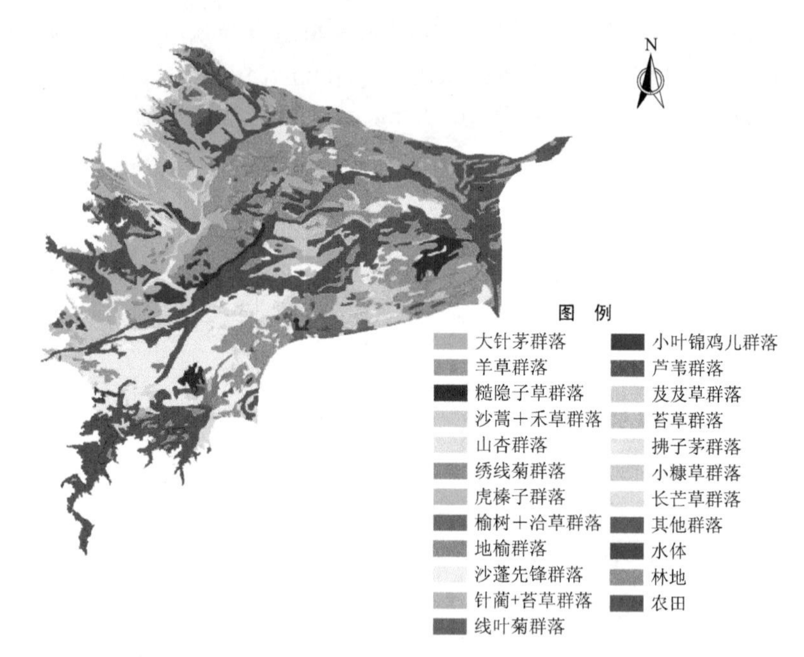

图 6.1-2　20 世纪 80 年代西辽河平原植物群落分布图

类（寸草苔、日阴菅）、杂类草（线叶菊、麻花头、扁蓿豆、委陵菜等）半灌木（冷蒿、胡枝子等）、灌木（小叶锦鸡儿、山杏等）等 50 余种植物可以成为羊草群落的优势种，常见种可达 100 余种。

退化草地主要分布在科尔沁左翼后旗、开鲁县等农灌区较多的旗县，沿灌区周边呈条状分布，主要群落为差巴嘎蒿，群落中常见种有：羊草、冰草、白草、糙隐子草、扁蓿豆等禾草；猪毛菜、狗尾草、马唐等一年生植物；小叶锦鸡儿、麻黄、骆绒藜、百里香、达乌里胡枝子、叉分蓼等灌木半灌木。当差巴嘎蒿处于半固定沙地向流动沙地退化时，沙蓬、虫实、山竹岩黄芪、沙芥、黄柳等先锋植物逐渐成为优势物种。

沙地主要植物群落为沙蓬群落。群落结构简单，多为单优势种的纯群落，或仅有少量其他沙生成分渗入。群落组成主要包括藜科的沙蓬、雾冰藜、虫实、猪毛菜和菊科的黄蒿、沙蒿等强旱生和沙生植被。

6.1.3　植物种多样性

通过系统筛选梳理，筛除人工栽培植被，1980 年西辽河平原共有野生植物种 917 种，分属于 108 科、412 属，植物种密度 23 种/10^3km^2，比较接近 20 世纪 60 年代的植被密度。植物种数量呈现由灌区为主的科尔沁区、开鲁县等旗（县）向外围以牧区为主的科尔沁左翼后旗、扎鲁特旗等旗（县）增多的规律，各旗（县）植物种多样性分布如图 6.1-3 所示。

图 6.1-4 统计了西辽河平原 917 种野生植物各物种在西辽河平原的覆盖面积比例情况，其中 372 种植物（占植物种总数的 40.56%）的物种分布面积覆盖比例在 10%以下，也就意味着这些植物分布范围都相对狭隘，一般仅在一个或两个旗县有分布；物种分布面积覆盖比例在 50%以下的植物种数多达 782 种，占西辽河平原植物种总数的 85.3%；能

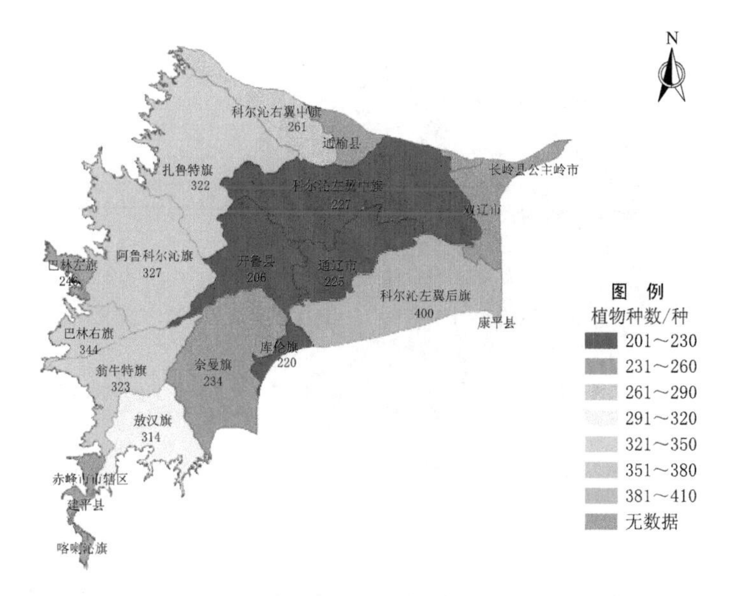

图 6.1-3　20 世纪 80 年代西辽河平原各旗（县）植物种多样性分布图

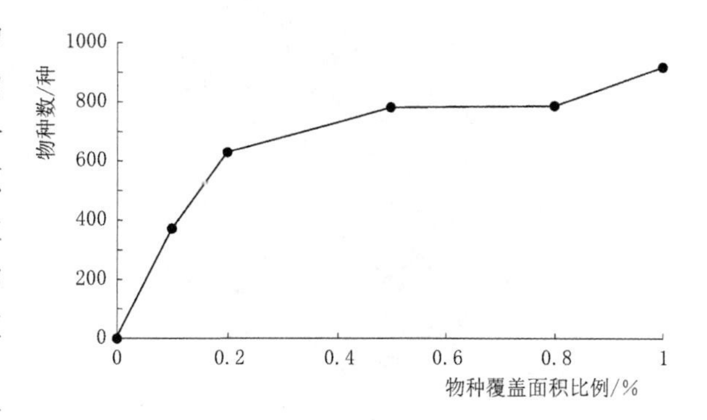

图 6.1-4　西辽河平原不同覆盖面积物种多样性曲线

够在西辽河平原全境都有分布的植物种有 128 种，仅占植物种总数的 14%。这说明了西辽河平原植物种分布呈现明显的局地性，在西辽河平原均匀分布，当草地大面积被开垦为农田，部分分布面积覆盖比例小的植物种将消失，且在后续的生态恢复中植物种不会再出现。

如图 6.1-5 所示，西辽河平原 917 种野生植物中，菊科、禾本科、莎草科、豆科、毛茛科、蔷薇科、石竹科、百合科、藜科、唇形科 10 个科所占西辽河平原野生植物种类的 57.25%，其余 98 科植物种数占西辽河平原野生植物种类的 42.75%。其中菊科植物最多，有 140 种，占植物种类的 15.27%。

本书整理了 20 世纪 80 年代 821 种植物的耐旱情况，如图 6.1-6 所示，中生植物最多，有 560 种之多，占 68.21%；其次是旱生植物 172 种，占 20.95%；湿生植物 70 种，占 8.53%；水生植物最少，仅 19 种，占 2.31%。统计了 80 年代 835 种植物的生命周期，多年生植物最多，有 636 种之多，占植物总数的 76.17%；其次是一年生植物有 149 种，占植物种类的 17.84%；两年生植物 50 种，占植物种类的 5.99%。通过上述分析，可以发现 80 年代西辽河平原植被以中生植物和多年生植物占优。

通过对到 1980 年及以前各类调查考证资料的西辽河平原区植物种组成情况进行了系统梳理，作为自然生态的本底基础。20 世纪 80 年代初，西辽河平原区有各类植物 917 种，分属于 108 科、412 属，见表 6.1-3。通过对西辽河平原区的植被分布进行 GIS 上图

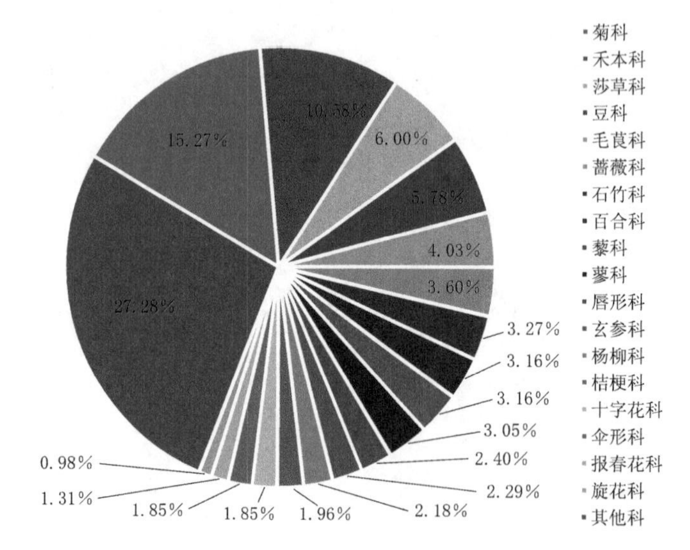

图 6.1-5 西辽河平原 80 年代各科植物种占比

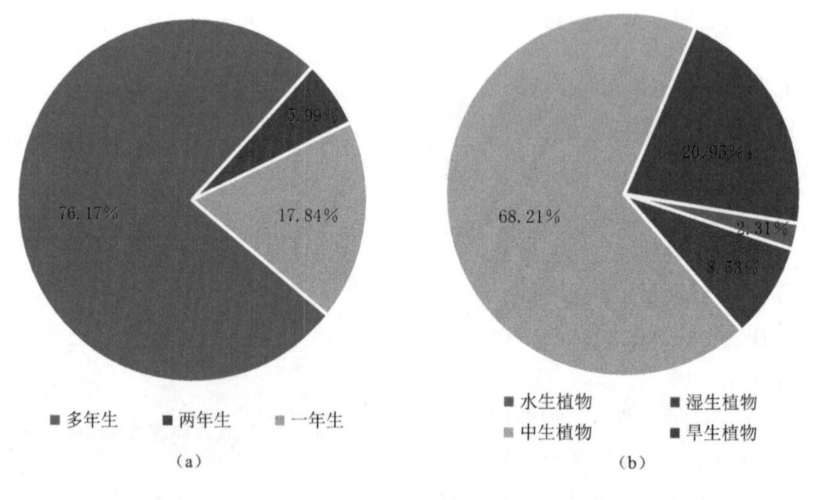

图 6.1-6 西辽河平原植被耐旱情况

处理，对群落分布范围、面积、斑块个数、土壤类型、植物种组成进行了分析。植被面积为 48930km^2，其中：天然草地面积 39933km^2，植物种密度 23 种/10^{3}km^2，形成 25 个主流群落，群落平均面积 1597km^2，群落平均植物种数 37 种。西辽河平原植物群落分布具有极强的地域性，覆盖全境的植物种类仅有 128 种，占植物种总数的 14%；而 50%的面积上散布了 85.3%的植物种。这就意味着随着草原面积的减少，植被的物种多样性也几乎同步程度地减少，许多适宜局地生境的植物种随之消失。

表 6.1-3　　1980 年西辽河平原草原基本情况统计表

天然草原面积/km^2	野生植物种类			植物种密度/(种/10^{3}km^2)	群落平均面积/km^2	群落平均植物种数/种
	科	属	种			
39933	108	412	917	23	1597	37

6.2 现状野外调查

6.2.1 草原植被调查采样

6.2.1.1 采样点选取

考察遵循以下三原则进行选点采样：

（1）采样点主要集中在天然草原，兼顾退化草场及人工草场散布少量对照采样点。天然草原主要分布在扎鲁特旗和科尔沁左翼后旗。

（2）采样点应兼顾不同类型的植物群落。不同类型的植物群落，其物种多样性、植被特征及分布均有较大差异。考察点对应的植物群落类型越丰富和全面，对后续展布西辽河平原区不同类型植物群落的分布能够提供更多的校正点，也为全面把握西辽河平原草地物种多样性的现状提供有力支撑。本次考察参考考察区2016年的遥感解译结果，草地划分为高、中、低覆盖度，不同的覆盖度对应的植物群落应有所不同，在采样点选取时，三种不同覆盖度的区域均散布有一定数量的考察点，并结合谷歌地图等尽可能对考察区不同类型的群落均覆盖到位。

（3）采样点应尽量远离公路、居民居住地等人为干扰较大区域。在人为干扰剧烈区域，景观破碎化程度加剧，地下水条件发生改变，继而导致景观稳定性变差，草场出现退化，草地群落组成及结构发生改变。在此类区域内进行采样的点并不能反映天然草地的真实状态，从而使所要设定的生态保护目标有所失真。因此在采样时，需要尽量避开人为干扰区域，尽可能地深入到草原中心地带。

6.2.1.2 采样点分布

2011—2017年先后在西辽河平原草原开展植被野外调查10余次，其中2015—2017年对仅存的8404km^{2}天然草原区域开展集中调查，投入人力超过百人次，共采集306个采样点数据，其中天然草原布设283个采样点，作为重中之重，其他类型由于植物种少且散布广阔，定点加踏勘。每个采样点调查内容包括植被样方、地下水、土壤等，全面铺开、不留死角，真实地反映西辽河平原区草地的植被分布情况，调查点分布如图6.2-1所示。

6.2.1.3 数据采集

1. 植被调查

本次考察按照《生态学野外调查方法与数据处理》规定的方法，对西辽河平原草原进行植被调查。共获得306个有效采样点，基本能够反映西辽河平原区草地的植被分布情况，有较好的代表性和全面性。采样点植被调查采用样方（典型样方和扇形样方）、样条带和散点等多种形式调查方法，如图6.2-2所示。采样点均用手持GPS进行经纬度定位，并由植物学专业人员对采样点的植物种类及物种名进行统计和记录（陆时万等，1991），并对采样点周边生态环境进行拍照和描述（图6.2-3），并筛选出优势种，确定采样点群落名称及植物种组成。对典型优势草本植物根系长度进行测量。

2. 地下水位监测

项目前期搜集了74眼地下水监测井监测数据，但大多数监测井位于灌区，天然草原

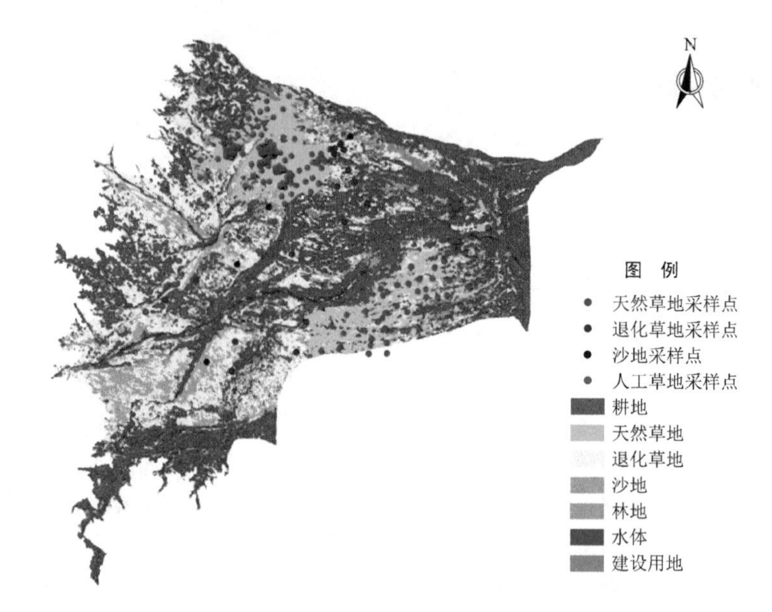

图 6.2-1 西辽河平原草原植被调查采样点分布

图 6.2-2 植被调查形式

地下水实测数据匮乏，本次考察利用4m土钻进行钻孔（图 6.2-4），获取实测地下水位数据（图 6.2-5）。在天然草原内布设59个地下水实测点，其中，扎鲁特旗布设29个地下水实测点，科尔沁左翼后旗布设30个地下水实测点。

（a）物种识别　（b）样本采集

（c）根系测量　（d）周边环境

图 6.2-3　植被信息采集

图 6.2-4　土钻钻孔实测地下水位

3. 土壤含水率测定

土壤含水率野外调查采样点与地下水实测点相同，利用浙江托普牌便携式 TZS 土壤水分测定仪现场测定各个采样点不同深度的土壤水分含量，并每隔 20cm 分层取土样，在实验室进行土壤干容重和土壤含水率室内测量，如图 6.2-6 所示。

4. 走访牧民

在采样过程中，还对牧民进行了走访，了解采样点周边草地面积及植被组成情况，以及近年来草地是否有退化倾向，如图 6.2-7 所示。

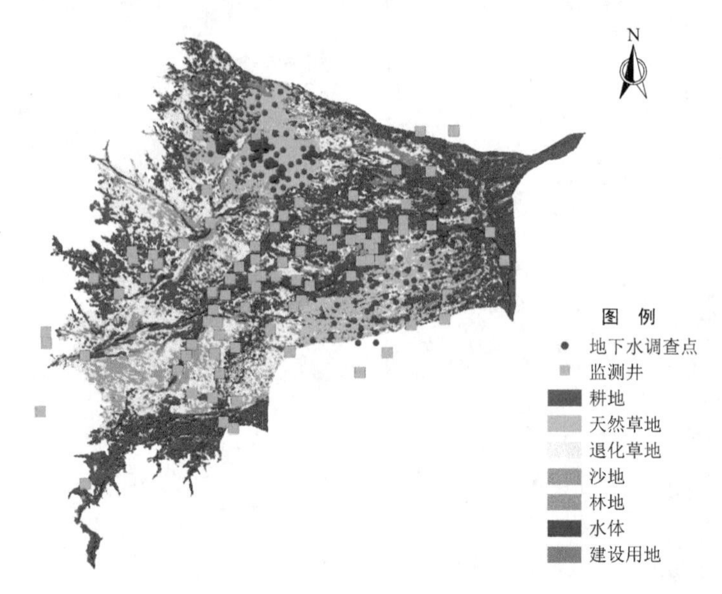

图 6.2-5 西辽河平原地下水监测点分布图

图 6.2-6 土壤含水率测定

图 6.2-7 走访牧民了解当地草地情况

6.2.2 草地植被分布

6.2.2.1 天然草地

天然草地有效采样点 283 个，如图 6.2-8 所示，主要分布在扎鲁特旗和科尔沁左翼后旗，共采集植物 255 种，分属于 52 科、167 属。其中，中生植物有 154 种，占植物种类的 60.39%；其次是旱生植物 85 种，占植物种类的 33.33%；湿生植物 12 种，占植物种类的 4.71%；水生植物最少，仅 4 种，占植物种类 1.57%。按植物的生命周期可分为多年生植物、两年生植物和一年生植物。255 种植物中，多年生植物最多，有 178 种，占植物种类的 69.80%；其次是一年生植物有 58 种，占植物种类的 22.75%；再次是两年生植物 19 种，占植物种类的 7.45%。

图 6.2-8 天然草地

6.2.2.2 退化草地

退化草地有效采样点 17 个，如图 6.2-9 所示，分布在科尔沁左翼中旗、阿鲁科尔沁旗、开鲁县、奈曼旗和科尔沁右翼中旗。退化草地地下水埋大多处在 3.5～4m，部分监测点地下水埋深大于 4m。退化草地植物种组成一般在 8～20 种。17 个退化草地采样点共采集到 49 种植被分属于 19 科、40 属。植被组成中沙生及旱生植被 22 种，多年生植物 21 种。

6.2.2.3 沙地

沙地有效采样点 4 个，如图 6.2-10 所示，分布在开鲁县、科尔沁右翼中旗和奈曼旗。四个采样点共采集 10 种植被，分属于 3 科、10 属。均为一年生植被，植被组成以沙生及旱生植被为主。沙地地下水埋深均大于 4m，植物群落主要为沙蓬群落，群落植物种组成单一，一般仅含 3～5 种植物种，且以沙蓬为绝对优势物种。

图 6.2-9　退化草地

图 6.2-10　沙地植被

6.2.2.4　人工草地

人工草地有效采样点 2 个，如图 6.2-11 所示，科尔沁左翼中旗人工草地，地下水埋深 1.2m，以紫花苜蓿种植为主，共采集植物 8 种。包括紫花苜蓿、骆驼刺、稗草、狗尾草、反枝苋、藜、蒺藜、打碗花。且土壤埋深大于 20cm 后出现板结状况。阿鲁科尔沁人工草地，地下水埋深大于 4m，通过种植以骆驼刺为主的防沙植被，共采集植物 6 种。包括骆驼刺、蒺藜、早熟禾、灰绿藜、尖头叶藜、胡枝子。两个采样点共采集 13 种植物，分属于 4 科、10 属。其中旱生植物 7 种，中生植物 6 种。

图 6.2-11　人工草地

6.2.3 植物种组成

6.2.3.1 植物种筛查

通过多次植被调查，共获取306个有效采样点，共发现植物269种（图6.2-12），通过与20世纪80年代对比发现，其中有256种野生植物在80年代有分布记录，有2种人工草地引种植物：紫花苜蓿和骆驼刺；另有11种植物在80年代野生植物物种名录中没有分布，分别为千穗谷、苋菜、大麻、紫花苜蓿、骆驼刺、少花蒺藜草、沙鞭、狼尾草、大蓟、黑沙蒿、山莓草、地丁和蒙古韭。对这11种植物种的出现进行甄别，其出现有4种可能：①种植的经济农作物；②入侵物种，前后两次的比较时间跨度近40年，期间可能会有部分引起的外来入侵物种，比如本次考察走访牧民时，就指出少花蒺藜草（从属于蒺藜草属）属于引进的外来入侵种；③演替物种，生态格局的改变可能会引起演替物种的出现；④新发现物种，结合本次考察的结果，虽然在考察区80年代统计的记录中没有记载，但是在周边其他旗县内均有记载，因此排除新发现物种的可能。

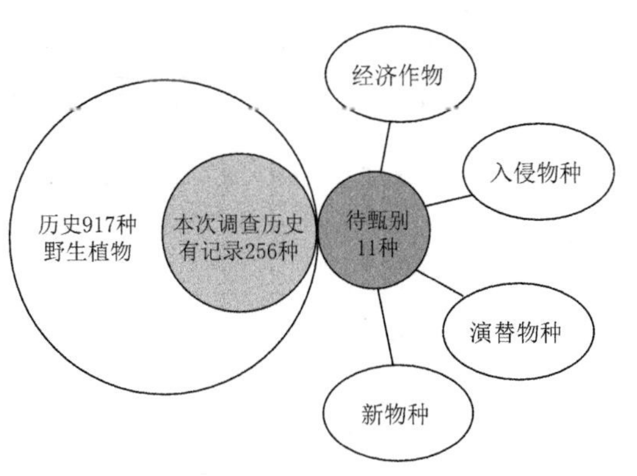

图6.2-12 西辽河平原植被调查待识别植物种鉴定

对11种待鉴定植物种进行甄别，过程如下：

（1）首先识别出了3种人工栽培的经济作物或景观植物，分别为千穗谷、苋菜、大麻，均为在内蒙古全区普遍栽培的经济作物。

（2）通过文献调研识别了1种外来入侵物种少花蒺藜草，少花蒺藜草原分布于北美洲，具有很强的入侵性和繁殖能力，可在短时间内抢占生态位，与本土植物竞争养分，从而影响生态平衡。少花蒺藜草传入我国可能通过3种途径：①进口牛羊等产品时，随货物引入；②从国外引种羊时带入；③游客进行旅游时随车船从国外带入。

（3）通过植物志、文献等对剩余待识别植物种的地理分布、生境特征等进行整理，出现在退化草地的沙地先锋植物即为演替物种；并利用地下水补给植被临界埋深对待识别植物种进行甄别，若植物种出现区域地下水条件较差，且周边有大片农田分布的视为演替物种。共甄别出7种演替物种，分别为沙鞭、狼尾草、大蓟、黑沙蒿、山莓草、地丁和蒙古韭，见表6.2-1。

（4）通过前三步的甄别，13种待鉴定植物种均已被识别，即没有新物种的出现。

表6.2-1 演替物种生境及分布范围统计表

种	生境描述	分布范围
沙鞭	典型沙生旱生植物，对流动沙地有很强的适应性，为沙地先锋植物群聚的优势种	在蒙古高原区典型草原带、荒漠草原带的流动、半流动沙地均有分布，未见西辽河平原区有分布记载
狼尾草	多生于海拔50～3200m的田岸、荒地、道旁及小山坡上	在《内蒙古植物志》没有分布

续表

种	生境描述	分布范围
大蓟	草原地带、森林草原地带退耕撂荒地上最先出现的先锋植物之一，也见于严重退化的放牧场和耕作粗放的各类农田，往往可形成较密集的群聚	见于呼锡高原州，产于锡林郭勒盟，分布于我国河北、山东、陕西、江苏、江西、湖南、湖北、四川、贵州、云南、广西、广东、福建和台湾
黑沙蒿	分布于暖温型的干草原和荒漠草原带，也进入草原化荒漠带，喜生长于固定沙丘、沙地、覆沙土壤上，是草原区沙地半灌木群落的重要建群植物	产于乌兰察布、呼和浩特、伊克昭盟、巴彦淖尔盟、阿拉善盟。是优良牧草，未见西辽河平原区有分布记载
山莓草	生于草原带的低山丘陵，是草原群落的伴生种或退化草场的优势种	见于呼锡高原州，产于呼伦贝尔盟、锡林郭勒盟
地丁	生于农田、沟渠边，沟谷草甸，疏林下	产于呼和浩特市，分布于辽宁、河北、山东、山西、陕西、甘肃
蒙古韭	荒漠草原及荒漠地带的沙地和干旱山坡	见于呼锡高原州、乌兰察布、鄂尔多斯、东阿拉善、额济纳等州

注 表中部分地名是1950—1960年的地名。

6.2.3.2 植物种组成

通过对现状草原植被进行调查，清查植物种258种并采集了样本，分属于52科、169属，有256种为本土传统植被，2种为人工种植植被。其中天然草原255种植物，分属于52科、167属，主要分布在北部扎鲁特旗和南部科尔沁左翼后旗，平均地下水埋深为2.37m。退化草地主要分布在科尔沁左翼中旗、奈曼旗、和阿鲁科尔沁旗和科尔沁右翼中旗，有49种植物，包括不同阶段的演替性植物种，反映了地下水下降扩散过程，平均地下水埋深4.63m。沙地主要分布在开鲁县、奈曼旗，平均地下水埋深6.05m，有10种植物，反映出演替性植物种继续减少过程，沙地植物群落主要为沙蓬群落和少花蒺藜草群落，群落植物种组成单一，每个群落3～5种植物种，其中沙蓬为沙地分布最广泛的特有植被；人工草地采样点2个，分布在阿鲁科尔沁旗和科尔沁左翼中旗，共采集8种植物，主要为人工灌溉与培育作物，其中紫花苜蓿、骆驼刺为引进植物，见表6.2-2。各科植物占比分布如图6.2-13所示。

表6.2-2 现存草原植被调查统计信息表

调查地	采样点/个	平均地下水埋深/m	分布范围	植物种组成/种				
				非地带物种	演替性物种	沙地植被	人工作物	小计
天然草原	283	2.37	扎鲁特旗、科尔沁左翼后旗	207	48	0	0	255
退化草地	17	4.63	科尔沁左翼中旗、奈曼旗、阿鲁科尔沁旗和科尔沁右翼中旗	0	48	1（沙蓬）	0	49
沙地	4	6.05	开鲁县、奈曼旗	0	9	1（沙蓬）	0	10
人工草地	2	—	阿鲁科尔沁旗、科尔沁左翼中旗	0	6	0	2（紫花苜蓿、骆驼刺）	8
合计	306	—	—	207	48	1	2	258

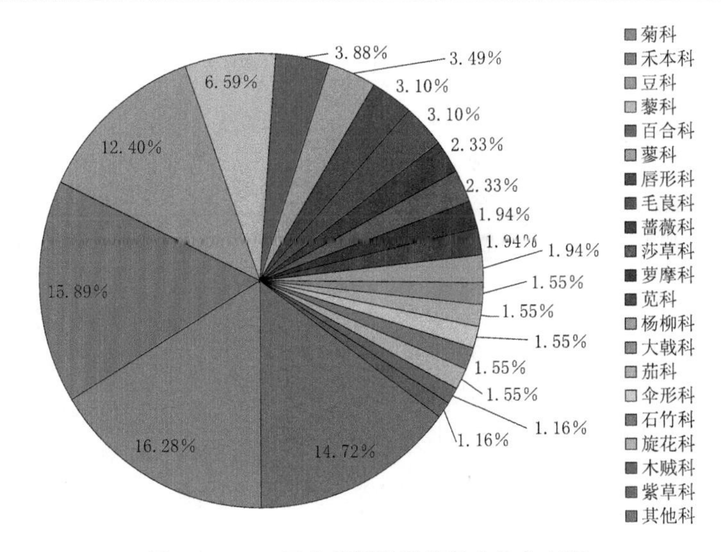

图 6.2－13　天然草原各科植物占比分布图

6.2.4　天然草原植物群落空间分布

一个地区的植被在许多特征方面不同于另一个地区的植被，如优势物种的不同等，这样就允许群落被主观地区分开来。群落分类是把群落边界叠加在群落连续体上的客观方法，是运用统计学的方法来寻找植物种分布的相似性或生境上植物种组成之间的相似性。分类技术是将不同的植物种或生境划分得到不同的明显等级，而这些不同的等级可以被认为是不同的群落。根据西辽河平原草地实地采样点的考察数据，参考《内蒙古草原植物根系类型》《中国北方草地植物根系》等研究成果，绘制西辽河平原植物群落空间分布图。

1. 扎鲁特旗天然草原植物群落分析

扎鲁特旗天然草原分布有 17 个植物群落：芦苇群落、苔草群落、苔草＋委陵菜群落、羊草＋苔草群落、大针茅＋糙隐子草群落、羊草＋胡枝子群落、羊草＋糙隐子草群落、寸草苔群落、糙隐子草群落、糙隐子草＋胡枝子群落、冰草＋猪毛蒿群落、猪毛蒿群落、百里香群落、冷蒿群落、胡枝子群落、麻黄群落、小叶锦鸡儿群落。扎鲁特旗天然草原植被群落空间关系分析如图 6.2－14 所示，群落分布如图 6.2－15 所示。

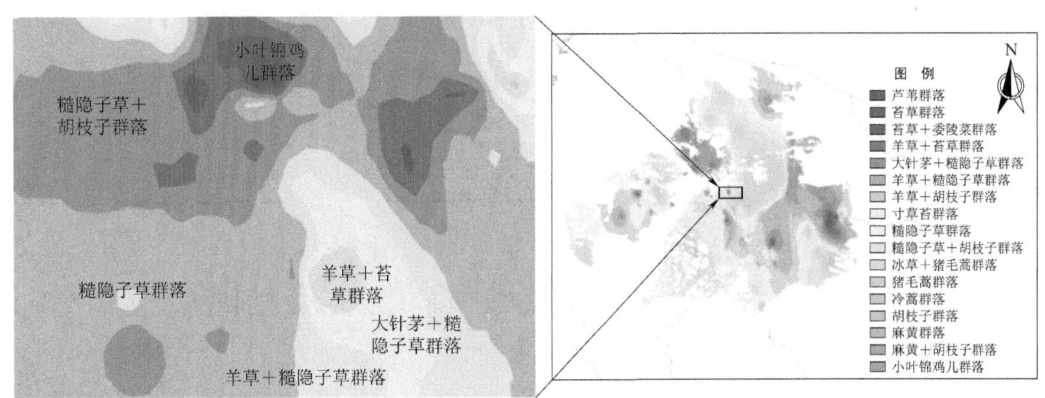

图 6.2－14　扎鲁特旗天然草原植物群落局部关系图

图 6.2-15　扎鲁特旗天然草原植物群落分布图

2. 科尔沁左翼后旗天然草原植物群落分析

科尔沁左翼后旗天然草原植物群落分布如图 6.2-16 所示，共分布有芦苇群落、苔草群落、苔草＋委陵菜群落、羊草＋苔草群落、羊草＋糙隐子草群落、羊草＋胡枝子群落、寸草苔群落、糙隐子草群落、糙隐子草＋胡枝子群落、冰草＋猪毛蒿群落、猪毛蒿群落、百里香群落、冷蒿群落、胡枝子群落、麻黄＋胡枝子群落、麻黄群落、盐蒿群落、小叶锦鸡儿群落等 18 个群落。

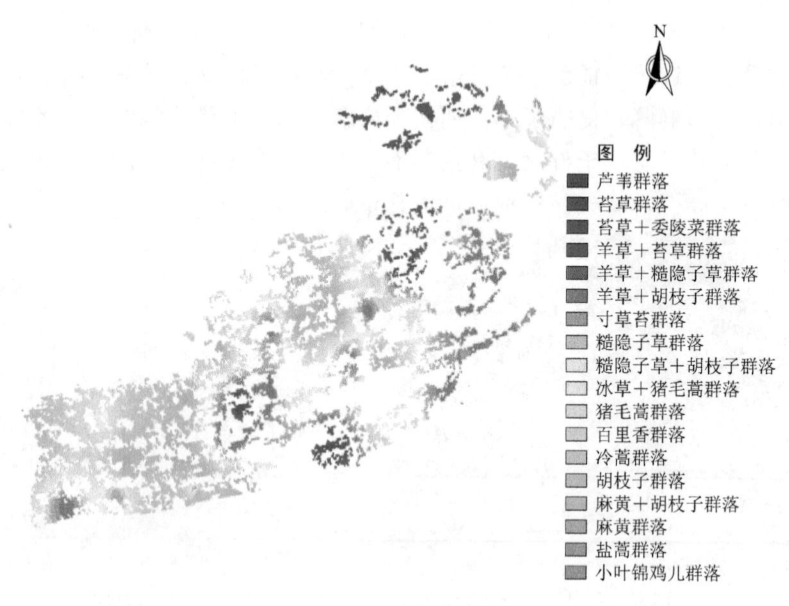

图 6.2-16　科尔沁左翼后旗天然草原植物群落分布图

6.3 西辽河平原草原生态演变

6.3.1 生态结构变化

如表 6.3-1 所示，2017 年西辽河平原平均地下水埋深由 1980 年的 2.32m 增大到 6.03m。此时耕地面积由 1980 年的 12310km² 占比 20.87%扩大到 23372km² 占比 39.57%，增加了接近一倍。天然草原面积由 1980 年的 39933km² 占比 67.70%减少到仅剩 8404km² 占比 14.23%。天然草原减少的面积是耕地增加面积的 2.85 倍，演替和沙化的面积达到 20467km²，农牧比从 1980 年的 1∶3.03 变为 2017 年的 3.25∶1，农牧结构完全逆转。通过分析 1980 年到 2017 年之间的变化，演替过程主要分为两个阶段。

表 6.3-1　　不同时期西辽河平原生态格局变化情况

时期		草地						耕地		小计	其他	合计
		天然草原	人工草地	退化草地	沙地	当期天然减少	累计侵占减少	耕地	当期增加		林地、水面、建筑用地	
20 世纪 80 年代	面积/km²	39933	873	4623	1247	—	—	12310	—	58986	6575	65561
	占比/%	67.70	1.48	7.84	2.11	—	—	20.87	—	100	10.03	—
	平均地下水埋深/m	1.92	—	—	—	—	—	3.84	—	—	—	2.32
2000 年	面积/km²	15839	1301	9500	11493	24456	24456	21215	8905	59348	6213	65561
	占比/%	26.69	2.19	16.01	19.37	—	—	35.75	—	100	9.48	—
	平均地下水埋深/m	2.04	—	—	—	—	—	4.26	—	—	—	3.09
2010	面积/km²	12637	2625	6166	11476	3269	27725	26511	5296	59415	6146	65561
	占比/%	21.27	4.42	10.38	19.31	—	—	44.62	—	100	9.37	—
	平均地下水埋深/m	2.25	—	—	—	—	—	5.42	—	—	—	5.30
2017 年	面积/km²	8404	3933	10102	13250	3879	31604	23372	−3139	59061	6500	65561
	占比/%	14.23	6.66	17.10	22.43	—	—	39.57	—	100	9.91	—
	平均地下水埋深/m	2.37	—	—	—	—	—	6.13	—	—	—	6.03

注　20 世纪 80 年代数据来自《中国科尔沁草地》；2000—2017 年退化草地、人工草地数据来自《通辽年鉴》《赤峰年鉴》。

1980 年到 2010 年，地下水位下降显著，平均地下水埋深从 2.32m 增加到 5.30m，灌区面积增至 26511km² 占比达 44.62%，天然草原面积减少到 12637km² 占比大幅下降为 21.27%。其间耕地直接侵占天然草原面积约为 14201km²，而天然草原损失面积达 27296km²，同时演替和沙化面积大幅增加，说明地下水位普遍下降成为草原退化的主要原因。天然草原为本底的生态格局发生了颠覆性变化，天然草原已经沦为少数。

2010 年到 2017 年，西辽河平原退耕还草政策实施，相比较 2010 年，2017 年耕地面积减少了 3139km²，但此阶段对天然草地的保护仅限于严禁开垦天然草地和对退化草地进行封禁，所以表现为退化草地和人工草地面积的增加。而地下水位继续下降，平均地下水埋深由 5.30m 继续增加到 6.03m，天然草原面积由 12637km² 占比 21.27%继续减少到仅剩

8404km² 占比 14.23%，已处于濒临灭绝的地步。退化草地面积进一步增加了 5710km²。

6.3.2 植物种多样性变化

见表 6.3-2，1980 年以来，西辽河平原生态系统自然属性大幅下降，植物种的多样性、丰富度、空间覆盖度均大幅减少，至 2017 年，区域自然生态系统已处于濒临灭绝的状态。这期间，草原群落数由 25 个减少为 19 个，群落组成的植物种也大量消亡灭绝，平均植物种数从 37 种下降到不足 14 种。自然生态空间被严重压缩，群落平均面积由 1597km² 下降到 442km²，植物种集中度从 23 种/10³km² 增加到 30 种/10³km²。通过对现有群落植物种进行了详细调查取证、排查甄别，由此绘出西辽河平原草原面积与物种多样性变化关系图，如图 6.3-1 所示。表现出植物种多样性下降与地下水位下降幅度几乎是同步进行。

表 6.3-2 西辽河平原植物群落物种多样性变化

时间	植物种多样性			植物种密度/(种/10³km²)	植物群落/个	群落平均面积/km²	群落平均植物种数/种
	科	属	种				
20 世纪 80 年代	108	412	917	23	25	1597	37
2017 年	52	169	258	30	19	442	14

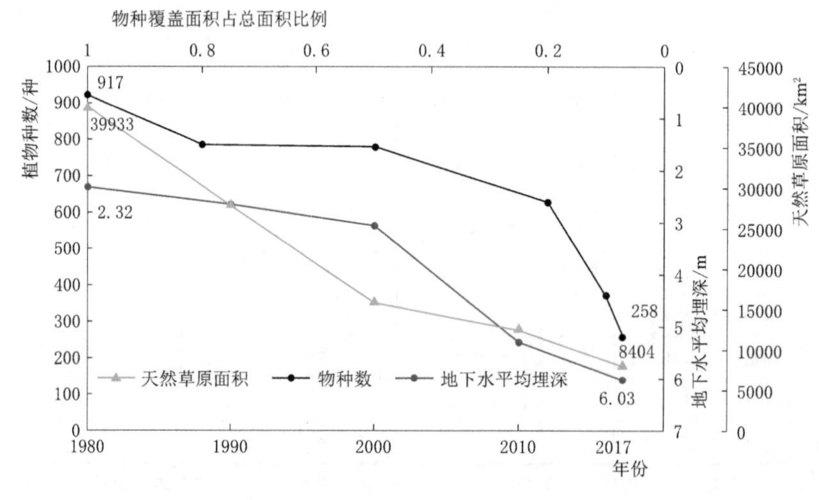

图 6.3-1 西辽河平原物种多样性变化关系

天然状态下西辽河平原植物群落分布具有强烈的局地属性，917 种植被仅有 128 种全境分布，占植物种总数的 14%，而 782 种植物种分布范围小于总面积的 50%，占植物种总数的 85.3%。这就意味着随着天然草原面积的减少，植被的物种多样性也几乎同步减少，许多适宜局地生境的植物种随之消失。如 20 世纪 80 年代水生植物尚有 10 科 19 种，至 2017 年仅见菖蒲、泽泻 2 种，17 种水生植物消失；湿生植物 20 世纪 80 年代有 70 余种，至 2017 年仅见藨草、灯芯草、芦苇、球穗扁莎、三棱藨草、水稗、水麦冬、水莎草、细灯芯草等 12 种，近 60 种湿生植物消失。

6.3.3 植物群落演替

1980—2017 年，西辽河平原生态系统自然属性大幅下降，地下水位下降引起的草原植被演替是物种多样性减少的根本原因，成为农牧交错带生态演变的核心问题。天然草原群落由 25 个减少为 19 个，群落平均植物种数从 37 种下降到不足 14 种。

6.3.3.1 扎鲁特旗

20 世纪 80 年代，扎鲁特旗天然草原分布着大针茅群落、羊草群落、疏林草地、沙蓬群落、山杏灌丛、针蔺＋苔草群落、碱蓬群落、小糠草群落以及芦苇群落等 9 个群落组合。2017 年扎鲁特旗天然草原群落组成主要有羊草群落、大针茅群落、针蔺＋苔草群落、糙隐子草群落、猪毛蒿群落、寸草苔群落、百里香群落、冷蒿群落、胡枝子群落、麻黄群落以及小叶锦鸡儿群落等 11 种群落。

与 20 世纪 80 年代相比，扎鲁特旗天然草原群落有所退化，表现为，对水分要求较高的针蔺＋苔草群落、大针茅群落、羊草群落由集中连片分布变为分散破碎化分布；分布范围较窄的小糠草群落在 2017 年已消失。同时，糙隐子草群落、冷蒿群落、猪毛蒿群落、麻黄群落等退化群落分布较广，如图 6.3-2、图 6.3-3 所示。

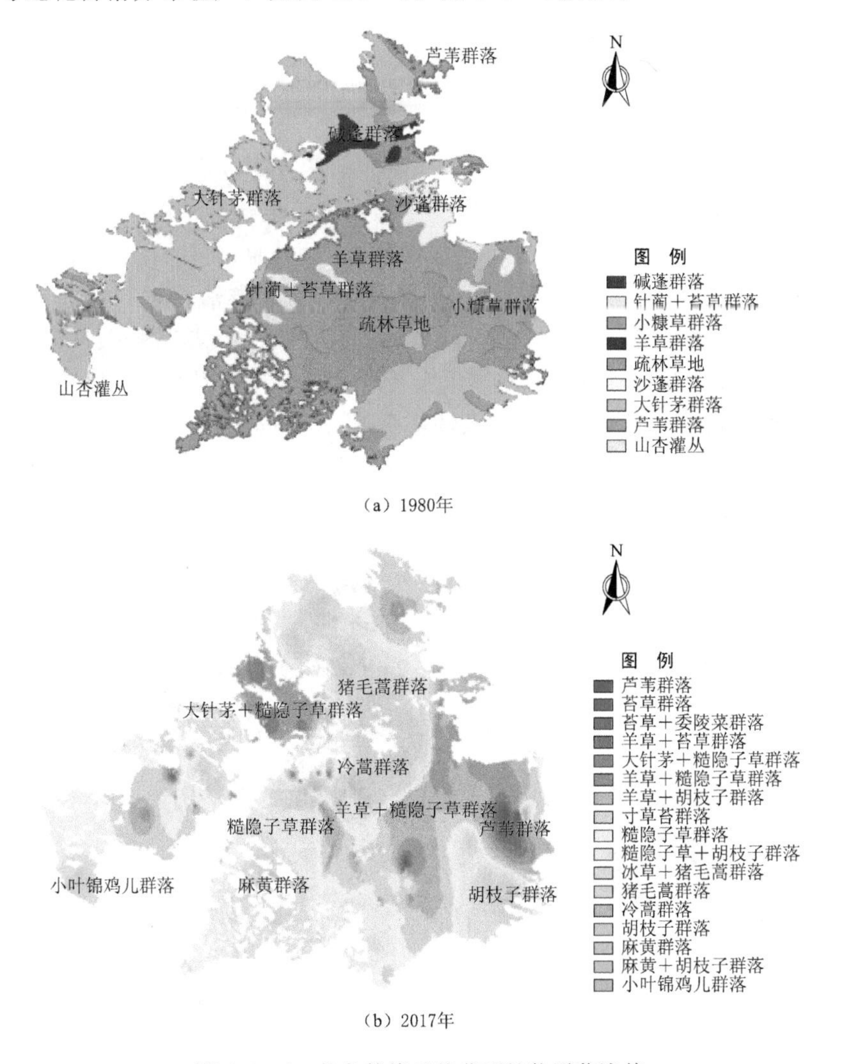

（a）1980年

（b）2017年

图 6.3-2 扎鲁特旗天然草原植物群落演替

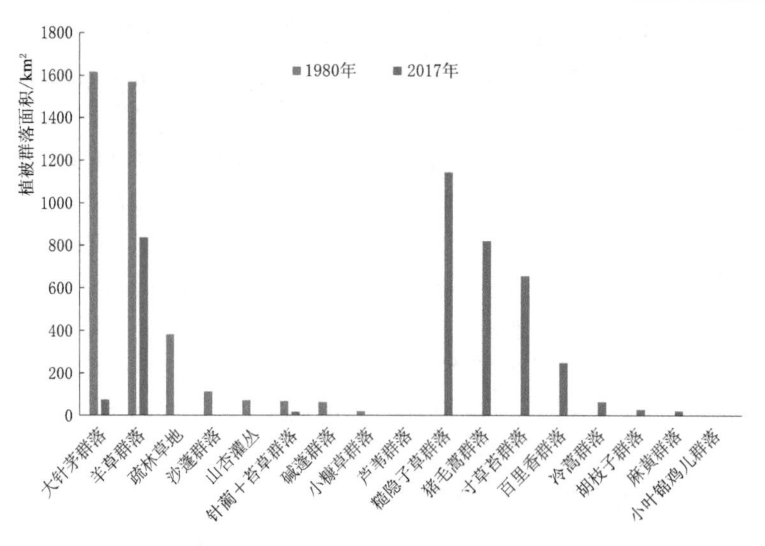

图 6.3-3　扎鲁特旗天然草原不同植物群落面积统计

6.3.3.2　科尔沁左翼后旗

20 世纪 80 年代，科尔沁左翼后旗天然草原分布着沙蒿群落、糙隐子草群落、羊草群落、苔草群落、拂子茅群落、小糠草群落、芦苇群落、地榆群落等 8 个群落。2017 年科尔沁左翼后旗天然草原群落组成主要有糙隐子草群落、苔草群落、胡枝子群落、猪毛蒿群落、冰草+猪毛蒿群落、冷蒿群落、寸草苔群落、百里香群落、麻黄群落、差巴嘎蒿群落、大针茅+糙隐子草群落、芦苇群落、小叶锦鸡儿群落、少花蒺藜草群落等 14 种群落。

2017 年与 1980 年相比，科尔沁左翼后旗天然草原群落类型变多，但有所退化。表现为，对水分要求较高的针蔺+苔草群落大针茅群落、羊草群落由集中连片分布变为分散破碎化分布；分布范围较窄的小糠草群落、拂子茅群落、地榆群落在 2017 年已消失。同时，猪毛蒿群落、冷蒿群落、麻黄群落、差巴嘎蒿群落、少花蒺藜草群落等退化群落开始出现在科尔沁左翼后旗，如图 6.3-4、图 6.3-5 所示。

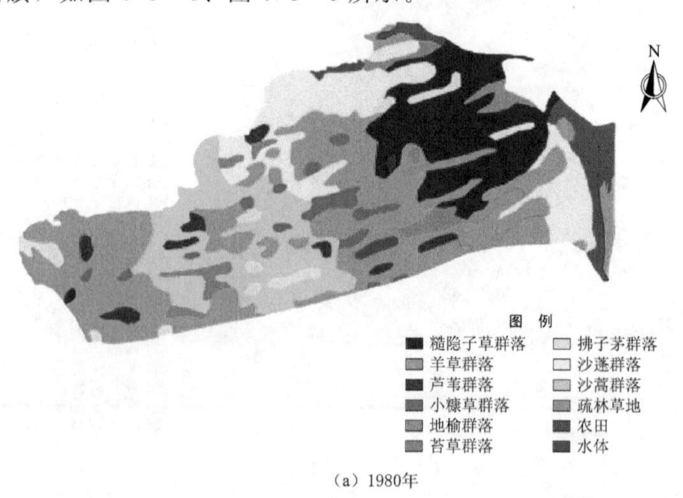

(a) 1980年

图 6.3-4（一）　科尔沁左翼后旗天然草原植物群落演替

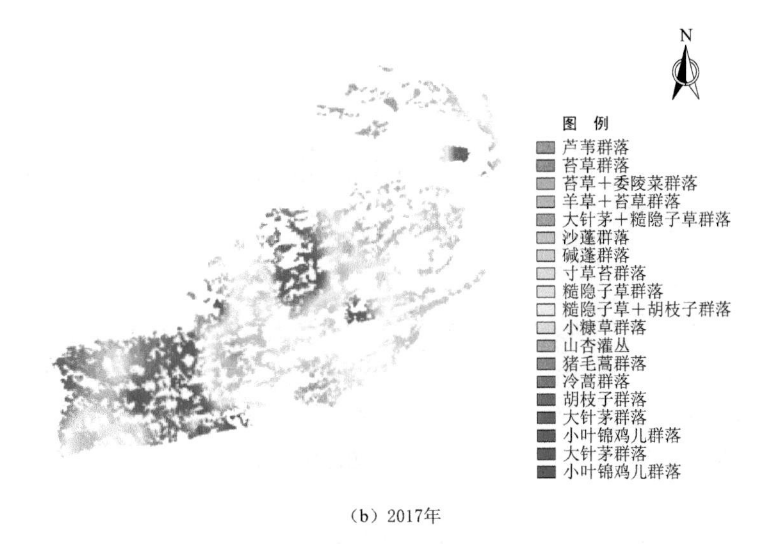

(b) 2017年

图 6.3-4（二） 科尔沁左翼后旗天然草原植物群落演替

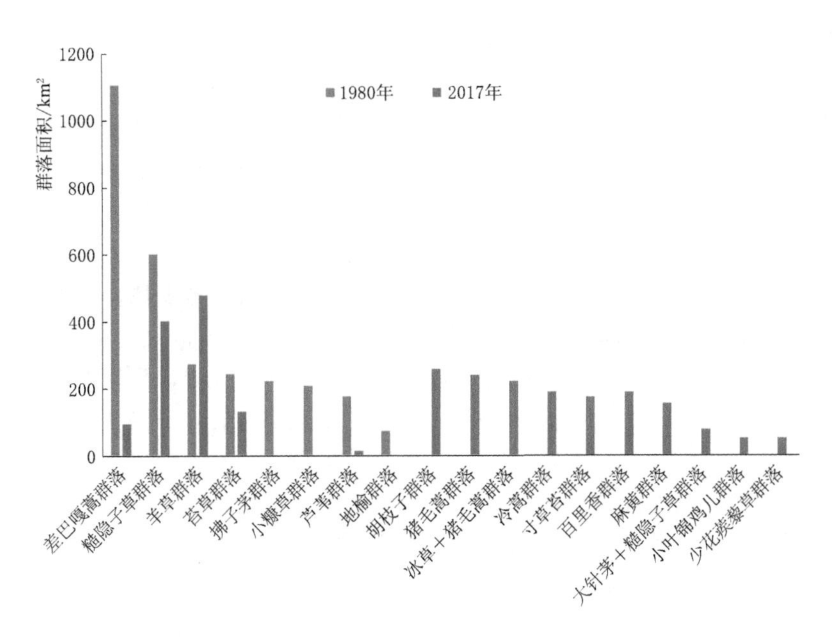

图 6.3-5 科尔沁左翼后旗天然草原不同植物群落面积统计

第7章　半干旱区农牧交错带生态格局演变

西辽河平原是我国典型的农牧业交错区，随着灌溉农业的不断发展，农牧比例失衡，草原退化，成为北京的主要沙源地之一。本书在研究灌区与牧区地下水水力联系的基础上，揭示了灌区地下水水位下降导致草原植被的演替机理，识别草原植被演替过程，以现存天然草原为基因库，开展西辽河平原适宜农牧比例研究并提出草原修复的实施方案。

7.1　地下水驱动的半干旱区草原生态演变机理

7.1.1　基本概念

半干旱区水文循环的自然属性决定了生态系统的基本格局，其自然生态是受地下水支撑的非地带性草原植被。在水土资源开发利用驱动下，地下水埋深持续下降，地下水形成与耗散结构发生相应改变，导致天然草原面积不断萎缩，植物群落演替，物种多样性下降，生态系统自然属性大幅下降，天然草原裂变成农灌区、天然草原、退化草地、人工草地、沙地等多元生态格局。下面以西辽河平原为例进行分析。

（1）天然草原：为非地带性生态类型，由潜水蒸发补给植被支撑，地下水埋深一般不低于3m，自然条件下平均埋深大都为1～2m，因此植被覆盖度高，群落物种多样性丰富。西辽河平原现存天然草原分布在南北两块人工干扰少的区域，平均地下水埋深已经下降到2.37m，面积由1980年的39933km^{2}占平原面积比的67.7%，已减少到仅存8404km^{2}占比14.2%。

（2）退化草地：为非地带性向地带性过渡类型，地下水埋深大于3m，由于失去潜水补给，仅剩降水补给，种类丰富的非地带性植被消失，取而代之的是一些适应性强的演替物种，多发生在灌区周边并随地下水位下降而不断扩大范围。现状西辽河平原退化草地，2017年平均地下水埋深已达4.63m，面积由1980年的4623km^2，占平原面积比的7.8%，扩大到10102km^{2}占比17.1%。

（3）沙地：为地带性生态类型，无潜水补给，有沙丘露头，植被覆盖度低，仅有沙蓬等先锋植物生长，是退化草地最终结果，也就是天然草原演替的顶级状态。2017年西辽河平原沙地平均地下水埋深为6.05m，面积由1980年的1247km^{2}占比仅2.1%，增加到2017年的13250km^{2}占比达22.4%。

（4）农灌区：形成由人工开采地下水支撑的生态系统，包括农作物和其他人工景观。2017年西辽河平原农灌区平均地下水埋深已下降到6.13m，面积由1980年的12310km^{2}占比20.9%，增加到2017年的23372km^{2}占比39.6%。

（5）人工草地：为灌溉种植的牧草，本质上等同于灌区，植被覆盖度高但组成单一。

2017 年西辽河平原人工草地面积由 1980 年的 873km^2 占比 1.5%，增加到 3933km^2 占比 6.7%。

另有居民区和少量林地水面，随着建成区的扩大，林、水面有所减少，但其总和基本不变，保持在占西辽河平原总面积的 10%左右。详细分布见图 7.1-1 和表 7.1-1。

对比 20 世纪 80 年代和 2017 年现状，西辽河平原生态板块的变化有惊人的巧合：现状退化草地与沙地面积之和与灌区面积几乎相等；消失的草原只有 41%转化为人工生态，而近 59%退化为退化草地和沙地，说明地下水下降非常严重，自然的草原生态濒临消亡。

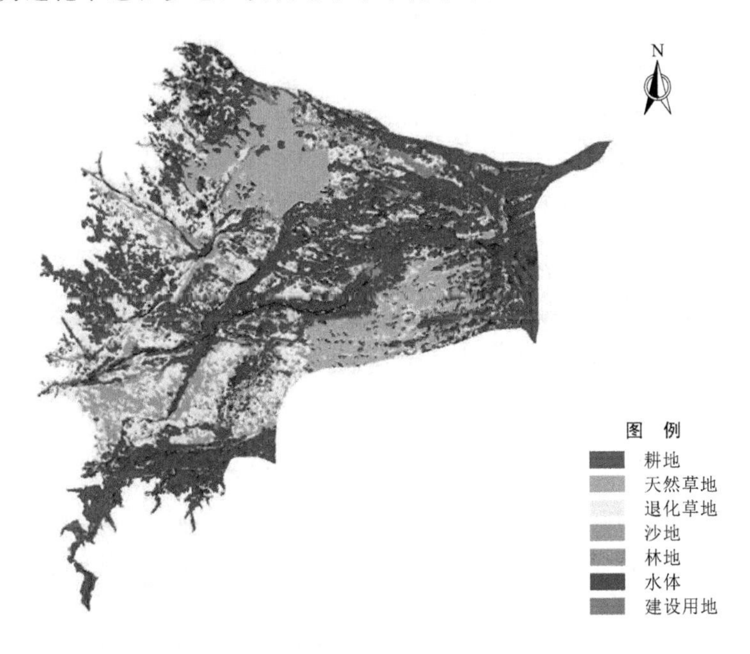

图 7.1-1 西辽河平原现状生态格局

表 7.1-1 西辽河平原生态景观变化

类型	1980 年			2017 年		
	面积/km^2	占比/%	平均地下水埋深/m	面积/km^2	占比/%	平均地下水埋深/m
天然草原	39933	67.7	1.92	8404	14.2	2.37
退化草地	4623	7.8	—	10102	17.1	4.63
沙地	1247	2.1	—	13250	22.4	6.05
人工草地	873	1.5	—	3933	6.7	—
农灌区	12310	20.9	3.84	23372	39.6	6.13

7.1.2 变化的驱动机理

灌区与牧区地下水具有水力联系，灌区地下水位下降拉动周边地下水位下降，使得植被出现演替、沙化。随着地下水开采强度的增加，草原的分化裂解愈加严峻，范围更加广泛。农灌区面积扩增的同时，地下水开采力度不断增强，导致地下水位下降，从而带动灌区周围的天然草原的地下水位下降，突破地下水补给植被的临界埋深，天然草原面积不断萎缩，出现植被演替，并且退化草地面积不断增加，发展到终极成为地带性沙地。地下水驱动的草原生态格局演变机理如图 7.1-2 所示。

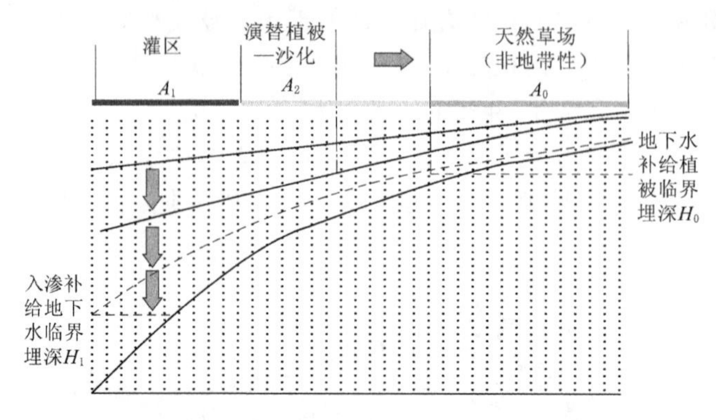

图 7.1-2 地下水驱动的草原生态演变机理

根据地下水驱动的生态格局演变机理可知，控制灌区地下水位是关键。从灌区自身发展看，入渗补给地下水临界埋深是其红线，与其对应的草原演替生态退化被动地作为草原退化的最大允许范围，或许不是最好选择，可能比较现实。反之，如果以草原保护优先，那就需要反推灌区地下水位。

以科尔沁区为例。科尔沁区是西辽河平原农灌区最为集中连片、开发程度最强的地区，现状许多区域地下水位已低于入渗补给地下水临界埋深（8m）。1980 年科尔沁区灌区地下水埋深最大值约为 5m，灌区与退化草地+沙地面积比为 1∶0.4；2000 年农灌区地下水埋深最大值为 8m，已接近灌区入渗补给地下水临界埋深，此时面积比为 1∶0.86；2017 年科尔沁区灌区普遍超过入渗补给地下水临界埋深，部分农灌区地下水埋深已达 12m，此时面积比已达 1∶1.17，退化草地、沙地已经超过了灌区面积。科尔沁区案例表明，随着灌区地下水位不断下降，对草原的影响范围不断扩大，导致草地演替、沙化过程加快，沙化面积快速增加。灌区入渗补给地下水临界埋深似乎可作为控制性指标，当灌区地下水位保持在临界埋深之上时，导致的演替、沙化范围小于灌区面积的 80%；当地下水位突破入渗补给地下水临界埋深时，其影响失控，演替、沙化的面积超过灌区面积本身，且速度加剧。因此，灌区入渗补给地下水临界埋深作为维持灌区采补平衡地下水位控制性指标，同时也是遏制草原退化的重要指标，这是从驱动因素入手、根源上调控半干旱区农牧交错带生态格局的控制性指标。

7.2 植物种多样性演变路径

7.2.1 生态格局演变与物种多样性变化路径分析

随着地下水位持续下降，以植被演替为标志的天然草原分化裂解的过程也是面积不断萎缩、植物种不断减少、植物种位阶不断下降的过程，植物种不断演替的指向是最终沙化。

1980—2017 年，西辽河平原加权平均地下水埋深由 3.84m 大幅下降为 6.13m，植物种总数由 917 种减少为 256 种。其中，天然草原 2017 年仅剩 255 个植物种紧凑地盘踞在狭小的 8404km^2 范围内，其中有 48 种属于演替性较强的植物种，是现有退化草地的全部植物种。如果地下水下降趋势不受遏制，非地带性植物种将加速消亡，使得演替面积进一步扩大，演替也进一步升级，植物种数将继续减少。

演替性植物种也有适者生存的选择。分析西辽河平原退化草地上 48 种植物种分布情况可以发现痕迹。人工草地以引入的 2 种人工栽培植物种（紫花苜蓿、骆驼刺）为主，同时还有 6 种当地遗留植物种，发现属于 48 种演替性植物种的一部分。通过甄别对比，发现沙地上现有 9 种演替性植物种内有 5 种与人工草地中遗留植物种相同（稗、狗尾草、反枝苋、藜、蒺藜）。通过对比 20 世纪 80 年代西辽河平原植物种空间分布图，发现这些植物种广泛分布于全境，具有普适性，或者说广谱性。具有这种广谱性的植物种较少，且适应性很强，说明越是具有广谱性的植物种演替级别越高，植物种属性越接近地带性，甚至有可能与沙蓬长期共存于沙地。由此可以判断，随着与地下水完全失去联系，演替性植物种还将进一步分化升级，植物种数最终将会减少到个位数，具有广谱性的植物种或将与沙蓬伴生成为沙地群落的组成部分。同时也说明通过植物种的广谱性分析可以判定演替性植物种的等级。西辽河平原生态演变与植物种多样性变化路径如图 7.2-1 所示。

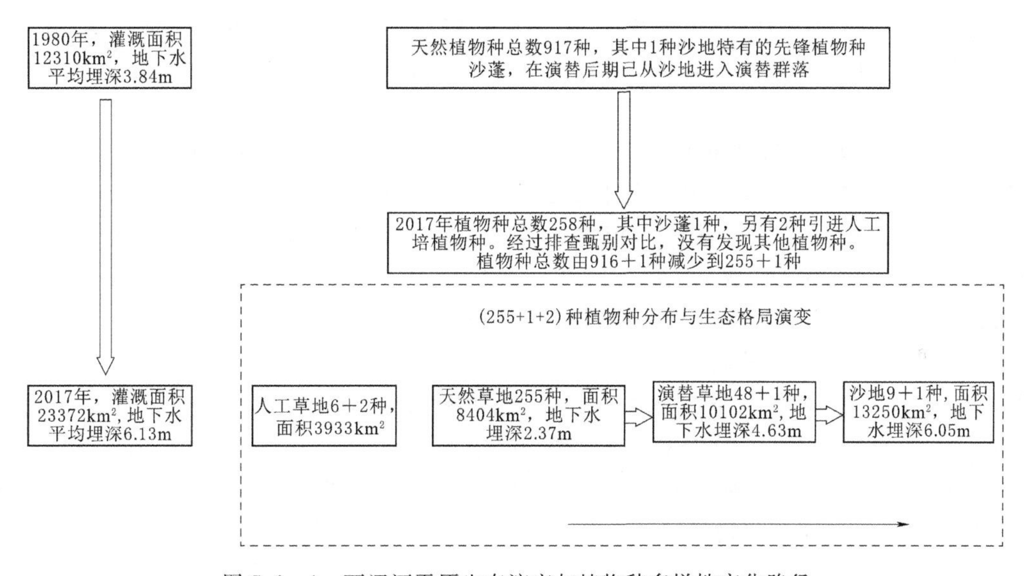

图 7.2-1　西辽河平原生态演变与植物种多样性变化路径

西辽河平原植物种演替路径表明，演替的最终结果将是个位数先锋植物种可能与沙蓬共生，成为沙地植物种，这将在 7.3 节深入研究。事实上，部分退化草地上已经出现沙蓬，这说明沙蓬正在融入沙地。如果不控制地下水位的下降，最终将形成沙地包围灌区的二元生态格局。

7.2.2　植物种演替性量化分析

上述植物种演替分析的发现，取决于地下水位埋深的状态，即潜水补给地表植被能力的变化。一部分植被的角色有所变化，随着地下水位的下降，部分植被最初也充当演替物种，随后凋萎消失被演替。这说明植物种的演替性程度是有差别的，也就是植物种具有地带性或非地带性的双重属性。如果将这种属性解析并且量化，将可能指明并预测植物种演替路径，这对于研究植被及群落的演替具有重大意义，也是一项开创性的工作。

演替性强的植物种与降水关系密切，其适应性强，空间分布较广，因此具有广谱性。而非地带性植物种与局地因素关系密切，对地下水补给条件的变化反应更敏感。因此，可以通过植物种在不同群落出现的频次来表达其广谱性，植物种出现的频次越高其广谱性越强。反之，那些出现频次低的植物种的非地带性属性越明显，特别是那些仅出现 1 次、2 次的植物种，基本上属于单纯的非地带性植物种。调查发现，在天然条件下，这些较单纯的非地带性植物种数量众多，伴随草原面积减少的植物种多样性下降严重。

按上述思路，对植物种在各群落出现的频次进行分析，可将植物种演替性量化并排序，并进行以下分析推导。

群落实际上是个集合的概念。研究区域的所有植物种可看成总集（基本空间）。设研究区域有植物种总数 n 组成植物种集合 A，分布在 m 个群落：B_1、B_2、…、B_m，任一群落 B_i，植物种个数为 n_i，则 $B_i=\{b_{i1}, b_{i2}, \cdots, b_{ij}, \cdots\}$ ($i=1, 2, \cdots, m$；$j=1, 2, \cdots, n_i$)，区域内所有植物种的集合可以表述为 $A=B_1 \cup B_2 \cup \cdots \cup B_m$。

将总集 A 按照植物种在不同群落中出现的频次 x，定义为 m 个真子集，分别记为 $D_1, D_2, \cdots, D_x, \cdots, D_m$（其中 D_x 为在 m 个群落中出现 x 次的植物种集合），对任意两个子集 D_k、D_l ($k=1, 2, \cdots, m$，$l=1, 2, \cdots, m$，$k \neq l$)，$D_k \cap D_l=\emptyset$，且 $D_1 \cup D_2 \cup \cdots \cup D_m=A$。

如此，属于集合 D_m 的植物种空间分布广泛，广谱性最强，属顶级演替植物种。而属于集合 D_1 的植物种，属比较单纯的非地带性植物种，是最先被演替而消失的植物种。因此，D_1、D_2、…、D_m 依次表达出植物种的演替等级，从而揭示了演替路径。一般说，随着演替性增强，植物种数量也越少，属于顶级 D_m 的演替性植物种仅为个位数。

7.2.3 西辽河平原植物种演替路径及趋势分析

7.2.3.1 植物种演替性分析

对西辽河平原现存 19 个群落总计 255 种植物种用上述分析方法进行植物种演替性量化分析，即按广谱性分成 19 个真子集，并以现有退化草地上全部 48 个植物种为参照，辨识植物种属性，揭示群落演替路径，见表 7.2-1。研究发现，从覆盖单一群落的植物种数（80 种）到全覆盖的植物种数（3 种）渐次减少，频次出现 5 次及其以下的植物种总数有 176 个，并且这些植物种没有在退化草地上出现，说明这些植物种都是属性显著的非地带性植物种，占据了天然草原的主流。频次出现 6 次、7 次的有 18 个植物种，其中仅分别有 1 个植物种出现在退化草地。因此可以判定，现存 255 种植物种有 192 个非地带性属性显著。此后，随着出现频次的增加，植物种的地带性属性逐渐增强，并且在演替次序上出现代际过渡，也就是说，越是分布广的植物种地带性越强，越能成为演替性强的植物种。

根据植物种（非）地带性属性对现状退化草地进行分析，将退化草地上的 48 个植物种按演替性强弱进行排序，可揭示植物种演替次序并强烈地预示最终演替结果。研究表明，见表 7.2-1，覆盖 6 个以上群落的植物种开始在退化草地上有所发现，除频次出现 6 次、7 次的各有 1 个以外，余下覆盖 8 个以上群落的 61 个植物种里 46 种都是构成退化草地的植物种。随着广谱性增加，植物种数减少，覆盖18～19个群落的广谱性植物种仅有7种，其中有5种与沙地及人工草地中遗留的植物种相同，包括稗、狗尾草、反枝苋、藜、蒺藜，这预示可能是顶级演替性植物种。由此可以推断，广谱性大小排序可以反映植物种演替顺序，植物种数量逐级减少。退化草地48种植物种的演替次序，随着失去地下水支撑的时间延续，演替性植物种不断升级、数量不断减少，最先消失的将是出现频次较低的植物种砂珍棘豆和乳白黄芪，随后依照覆盖频次升高逐级消失，最终退化草地转化为沙地，有5～9种植物种遗留沙地较长时间与沙蓬伴生。

表7.2-1　　现状西辽河平原植物种演替性辨识与演替路径

植物种出现频次	植物种数/种	退化草地发现植物种
19	3	蒺藜、稗草、狗尾草
18	4	藜、反枝苋、虎尾草
17	1	砂引草
16	2	猪毛菜
15	6	雾冰藜、灰绿藜、阿尔泰狗娃花、兴安虫实、大翅猪毛菜
14	4	光沙蒿、银灰旋花、二裂委陵菜
13	8	达乌里胡枝子、大刺儿菜、达乌里黄耆、猪毛蒿、狼毒
12	6	差巴嘎蒿、冰草、苍耳、扁蓿豆、三芒草、黄花蒿
11	5	牻牛儿苗、披针叶黄华、大籽蒿
10	8	地梢瓜、东北木蓼、麻花头、沙芦草、菟丝子
9	5	矮韭、风毛菊、硬阿魏、白山蓟、草麻黄
8	9	宽叶蒿、山竹岩黄芪、柠条锦鸡儿、栉叶蒿、华北驼绒藜、砂蓝刺头
7	7	乳白黄芪
6	11	砂珍棘豆
5	15	
4	15	
3	24	
2	42	
1	80	
合计	255	

图7.2-2为西辽河平原植物种属性排列，自左至右，植物种由非地带性向地带性渐变。非地带性植物种占大多数，它们具有鲜明的局地性，对地下水补给依赖性强，反应也最敏感；地带性植物种具有广谱性，随着对地下水补给依赖性减弱直至完全不需要，广谱性强的植物种数越来越少。这种关系犹如金字塔形结构，如图7.2-3所示，金字塔底端为非地带性植物种；从塔底向上，植物种覆盖的群落数逐步增加，植物种数逐步减少，植物种的演替属性逐渐增加；塔顶的植物种在所有群落中均有分布，具有最强的演替属性，为地带性植物种。随着地下水位持续下降，植物种将从底端向顶端发生演替，

底端的非地带性植物种最开始消亡。随着群落植被根系作用层与潜水影响层完全失去联系，非地带性植物种完全消亡，植物种的演替级别将达到塔顶，并持续演变直至最终沙化，最终仅有少数地带性植被可以与沙地植被伴生成为沙地群落的组成部分。

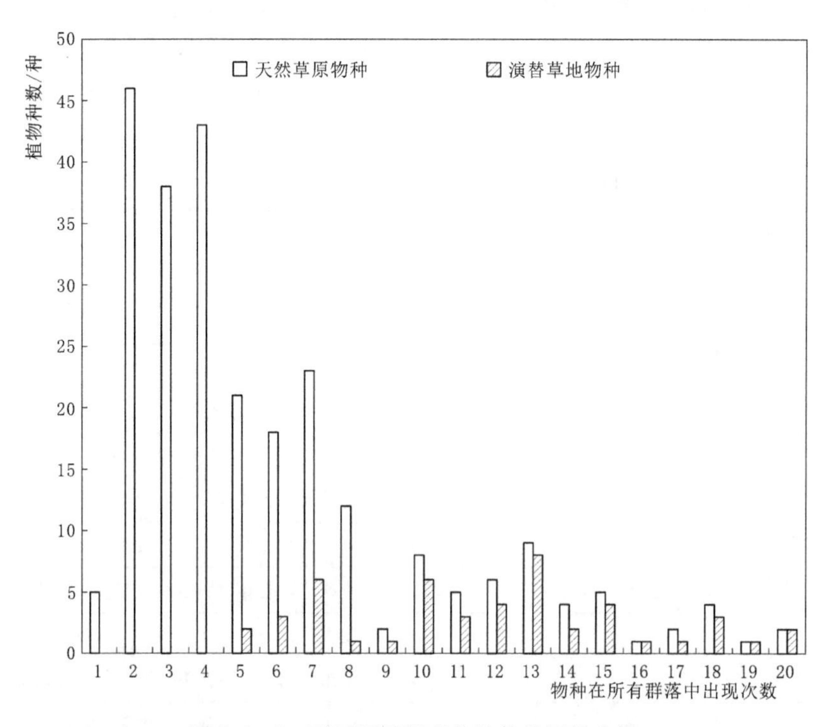

图 7.2-2　西辽河平原现状植物种属性分析

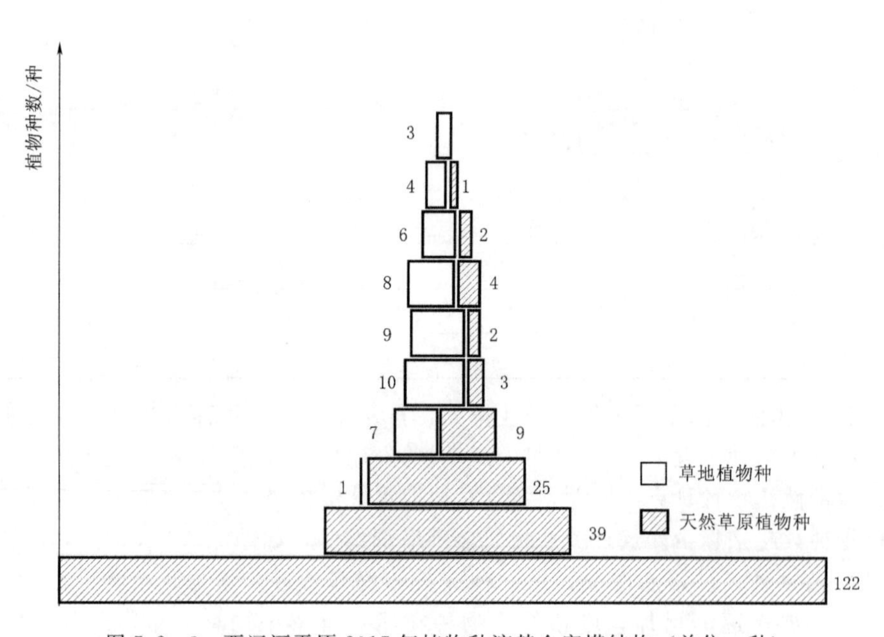

图 7.2-3　西辽河平原 2017 年植物种演替金字塔结构（单位：种）

1980—2017年，随着地下水开采强度的增大，西辽河平原平均地下水埋深从2.33m下降到6.13m，天然草原面积萎缩，植物种数量也大幅度下降，位于金字塔底端的大量非地带性植物种随之消亡，金字塔层级减少。若地下水位下降趋势不加以遏制，非地带性植物种将进一步消亡，金字塔将逐步丧失层级结构而呈现扁平化，天然草原完全消失。因此保护自然群落植物种多样性是草原生态系统稳定的基石。

此外，以开采地下水灌溉发展的人工草地，其植物种单一，不具备物种多样性，没有了天然草原的自然属性，如在西辽河平原，残留在人工草地内的植物种与沙地群落植物种高度重叠，均位于金字塔顶端。因此，为保障草原生态系统的自然属性，不宜开采地下水而发展人工草地取代天然草原，人工草地开发应选择在已退化的草地区域进行。

7.2.3.2 生态格局演变趋势分析

根据西辽河平原植物种演替性分析，对其生态格局的演变趋势进行研究预测，进一步可将植物种（非）地带性属性进行量化，使每一个植物种都具有属性标识，然后以植物种属性标识为基础，按群落的植物种组成对群落的演替性也进行量化。如此，通过量化所有植物种属性标识，按（非）地带属性形成植物种演替谱。

如此，可以定义植物种的演替谱测度指标 μ，反映地带性属性的强弱。与前述（7.2.2节）演替集合分析对应，对于 D_1、D_2、…、D_m 中任一植物种演替集合 D_x，其包含的植物种具有相同谱测度指标 $\mu(x)$，取值区间在（0，1），地带性强的植物种测度大于相对地带性较弱的植物种测度。比如，以下式计算：

$$\mu(x)=\frac{x}{m+1} \tag{7.2-1}$$

群落的演替谱测度反映组成群落的植被总体属性。因此，对于一个包含 k 个植物种的群落 B，其群落谱测度 $p(B)$ 可以各植物种谱测度加权平均计算，表示为

$$p(B)=\alpha_1\mu(x_1)+\alpha_2\mu(x_2)+\cdots+\alpha_k\mu(x_k);\alpha_1+\alpha_2+\cdots+\alpha_k=1 \tag{7.2-2}$$

权重系数可由各个植物种的生物物质量或覆盖面积占比确定。实际操作上，这两种比例都不易确定。可采取一种近似方法来处理，比如以群落优势物种为基础确定权重，以优势物种为一方，其他植物种为一方，各自占50%，并在内部进行平均分配。这样简化处理基本可以反映群落的整体属性，因为优势物种无论物质量还是覆盖面积都占据优势，对群落的演替属性有更多的贡献。

以20世纪80年代植物群落作为基础，对20世纪80年代与2017年现状植物种进行谱分析并进行比较，研究植被演替及群落演变趋势。

（1）研究发现，植物种平均谱测度从20世纪80年代的0.126上升到现状的0.246；消失植物种超过95%的谱测度小于0.2，谱测度小于0.05的植物种几乎已经全部消失。这表明随着地下水位的下降，植物种沿着谱测度上升的方向发生演替，如图7.2-4所示。

（2）群落的演变反映了植被演替的总体趋势，使得整体的群落谱测度上升。与20世纪80年代相比，群落总数由25个演变为现状的19个。仅有6个群落保留原有基本结构，

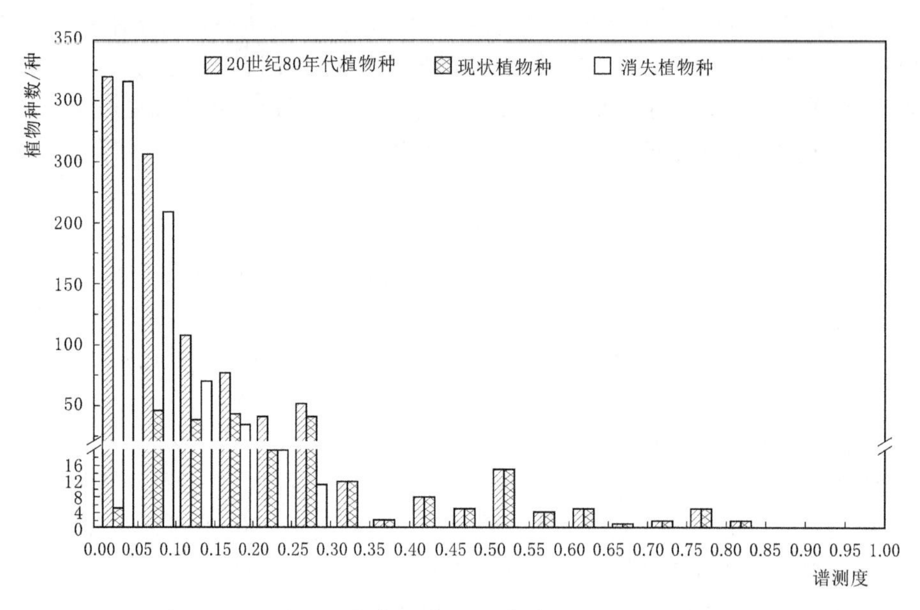

图 7.2-4　西辽河平原 20 世纪 80 年代至 2017 年植物种演替

但谱测度有所上升，表明这些群落中非地带性植物种在减少，但依旧保留在谱测度较小的一侧；由植被演替重新组成的 13 个群落谱测度较大，表明群落中植被以地带性较强的植物种居多，如图 7.2-5 所示。

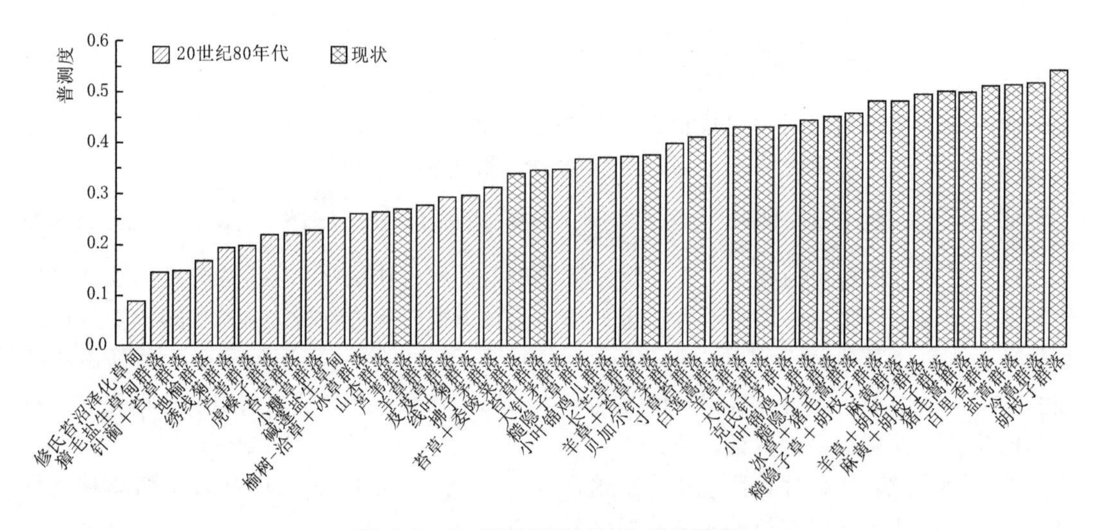

图 7.2-5　西辽河平原植物群落演变

（3）现状各植物群落谱测度与地下水埋深的关系，如图 7.2-6 所示。总体上，自然植物群落埋深均处于地下水埋深 3m 以内，植物群落谱测度随地下水埋深增大而上升，表明地下水位下降加速植被演替乃至群落演变；只有少数植物群落地下水埋深在 1.5m 以内，植物群落谱测度小于 0.37，保持有较多的非地带性特征；大部分植物群落谱测度均大于 0.4，地下水埋深低于 2m，非地带性特征减弱；谱测度大于 0.5 的植物群落，地下水埋深接近 3m，演替趋势显著。地下水埋深超过 3m，自然植物群落基本消失。这与之前西辽河平原地下水补给植被临界埋深研究结论高度吻合。

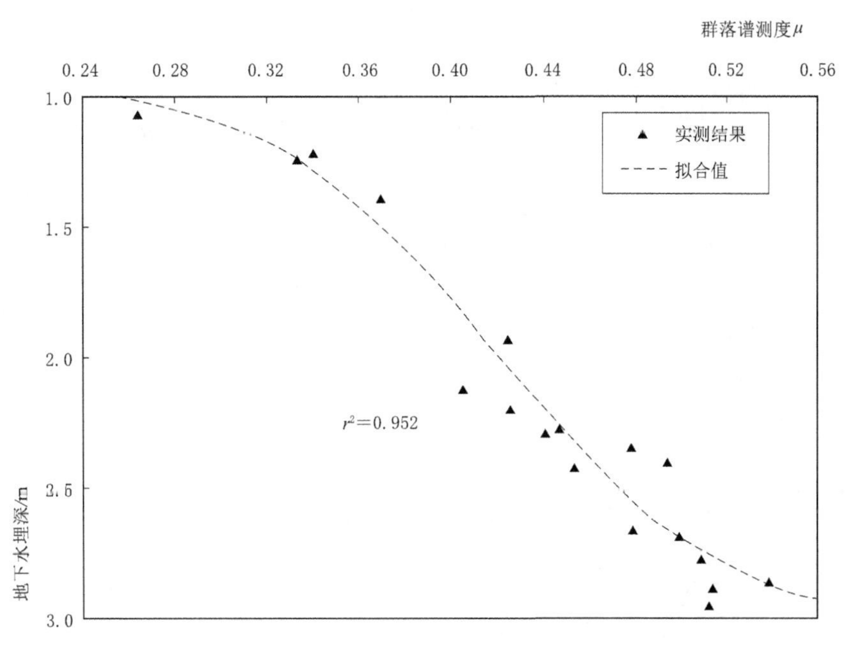

图 7.2-6 西辽河平原现状植物群落谱测度与地下水埋深的关系

7.3 西辽河平原草原生态安全调控

7.3.1 草原生态安全调控原理

半干旱区自然生态是地带性沙地上受地下水支撑的非地带性草原植被，生态系统的空间格局和景观变化反映了地下水空间分布的格局演变（章家恩，2009）。半干旱区农牧交错带由于水土资源开发利用驱动，地下水位持续下降，地下水形成与耗散的结构发生相应改变：一方面，灌区地下水补给能力下降，入渗补给地下水的临界埋深作为控制红线不断受到压迫；另一方面，灌区地下水下降引起相关联的天然草原地下水位下降，导致潜水蒸发补给植被的能力减弱，使得草原植被物种多样性减少、向简单植物种演替并沙化，草原自然属性下降、面积不断萎缩，如图 7.3-1 所示。半干旱农牧交错带草原生态安全调控的核心问题是地下水的合理利用与保护。

调控原理：根据半干旱区草原生态演变驱动机理进行草原生态安全调控。灌区与牧区地下水位具有水力联系，灌区地下水位下降带动周边地下水位下降，引起草原植被演替、沙化，需要通过灌区地下水位管理来调控牧区地下水位从而达到遏制生态退化的目的。

调控准则：以灌区入渗补给地下水临界埋深为驱动，其可能影响的植被演替面积作为草原退化的最大允许范围，也就是灌区以入渗补给地下水临界埋深为控制红线，向灌区之外按地下水位变化直至地下水补给植被临界埋深，二者之间的范围，以此为调控原则。

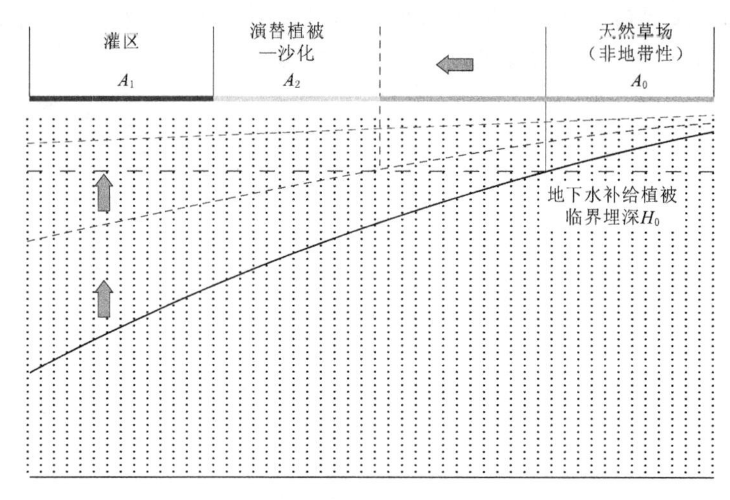

图 7.3-1　草原生态安全调控原理示意图

7.3.2　草原生态安全调控方法

为遏制草原退化演替，常常在农牧交错带广泛实施退耕还林还草以及封禁措施。研究表明，退耕还草或封禁区域在退耕后的植被演替进程中有很大差异，这是因为退耕地植物多样性受到植物种源的影响，当退耕区周边草地已属于退化草地，植被物种多样性已经受损的情况下，其能为退耕地所提供的植物种源极其有限，这种情况下即使地下水条件得到改善短期内草地植被物种多样性也不会得到提升，而只是表现出植被盖度的增加。因此在开展以保持草地自然属性为目标的生态格局研究时，需要考虑两个并行不悖的因素：①植物种源的影响，天然草原因其良好的地下水条件、较少的人类干扰基本保持了草原的自然属性，植被物种多样性丰富是草原生态修复的基因库，因此需要以现有草原为基础，采取向外扩张的方式进行生态修复与重建；②地下水位的恢复，需要提供一定的水分条件来保证扩张土地的植被更新、正向演替和群落稳定。在《内蒙古自治区生态环境保护“十三五”规划》中也明确提出了要“针对目前人为活动影响较小、生态良好的重点生态功能区，加大自然植被保护力度，科学开展生态退化区恢复与治理”“制定实施生态系统保护与修复方案，选择水源涵养、防风固沙和生物多样性保护为主导功能的生态保护红线区域，开展保护与修复示范”。

以西辽河平原为例（图 7.3-2），其农牧交错带生态格局的调整以天然草原的扩张为基本原则，通过面积扩张和景观斑块合并增加草原生境斑块的连接度，促进天然草原与退化草地之间的植物物种流动，提高天然草原植物物种向退化草地的迁移率，从而使退化草地植被物种多样性得到提高。同时，对于分布范围较窄的植物群落，通过面积扩张使得斑块内群落植物种得以生存和延续，并给缺乏空间扩散能力的植物群落提供稳定的栖息地生境，从而使天然草原面积获得不断扩大的空间。这种方式有可能保障草原生态修复和重建的种源，这来自于两个方面的判断：①现状 19 个群落严重挤压在一个 8400km^2 狭小的空间内，按文献考证与实地调查成果分析，群落的平均面积至少被挤压了 2/3～3/4，也就是说，当地下水条件得到改善时，草原面积可以机械恢复 2～3 倍的面积；②靠近天然草场的退化草地是相较于其他区域最新发生的演替，某些消失的植物种可能在土壤里残留一些种子，当地下水改善后可能激活，有可能恢复部分植物种，产生正向演替。

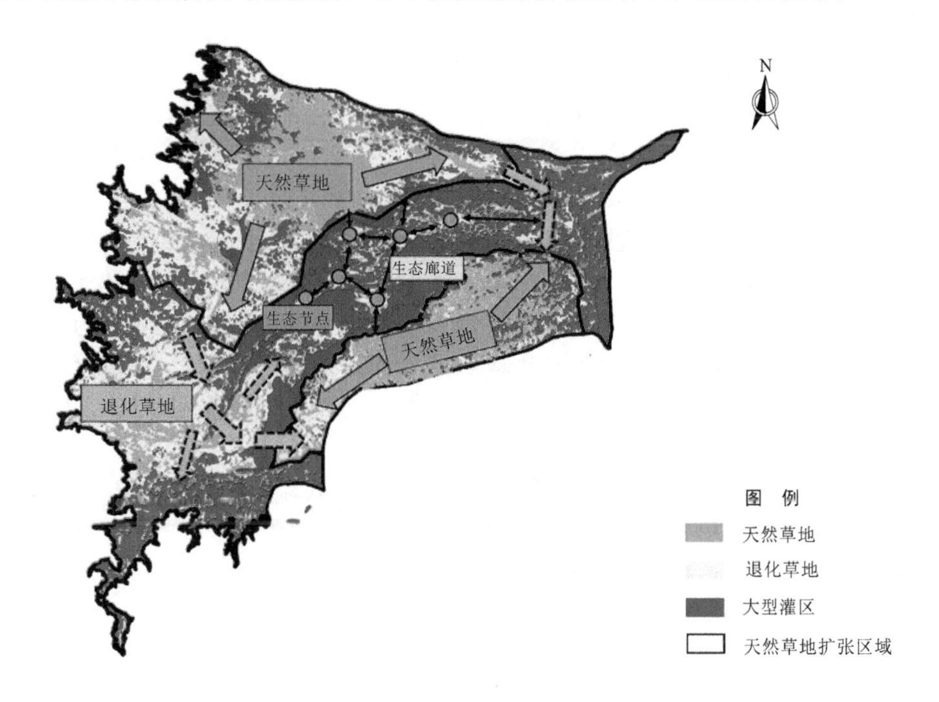

图 7.3-2 西辽河平原天然草原生态格局调整示意图

通过天然草原拓扑扩张对现有农牧格局进行调整，以入渗补给地下水临界埋深为灌区地下水位控制红线，逐步修复地下水潜流场，通过恢复潜水埋深修复重建部分草场，从而提出基于生态安全的西辽河平原农牧交错带灌区、天然草原、退化草地的比例。

需要指出的是，地表植物群落随地下水位回升得到一定的空间展延也是有限度的，因为构成自然群落主体的非地带性植被具有强烈的局地性，其适应的生境只是在一个有限的范围内，如前估计，考虑现状群落空间被挤压程度，其释放的面积可能扩张 2～3 倍，因此修复后总面积达到 20000km^2 为宜。通过机械扩张加之可能复活少量植物种，群落构成可能出现一定的重组。总之，通过恢复地下水位，以现有天然草地为基础拓扑展延，扩大空间，可以确定的是草原自然属性必然得到加强，植被物种多样性虽然无法明显恢复但要优于现状水平。

7.3.3 生态格局调整方案模拟分析

7.3.3.1 天然草原拓扑扩张

以天然草原扩张为基本原则，运用景观生态学中“源-汇”理论方法开展西辽河平原区农牧生态格局调整优化。“源-汇”理论是景观生态格局研究中常用的一种理论方法，多应用于大尺度的生物物种多样性保护。其中，“源”是指对生物多样性的保护和恢复有促进作用的景观类型；“汇”是指对生物多样性的保护和恢复起阻碍作用的景观类型。天然草原作为草原生态修复的基因库，对整个平原区生态系统安全起到最关键的作用，可以作为“源”，农田、未利用地作为“汇”，并考虑避免草地与农田等不同景观功能在空间格局上的直接冲突，在草地与大型灌区相接地带设置缓冲带，如封禁草地或人工绿化带，消减灌区对草地的影响，有助于天然草地自然属性的保持和恢复。

利用最小累积阻力模型来描绘“源”经过不同景观斑块所克服的阻力，利用GIS分析不同景观斑块类型对“源”空间扩散的影响程度，并以此构建景观阻力面。计算公式为

$$MCR = f\min\sum(D_{ij}R_i) \quad (i=1,2,3,\cdots,m;j=1,2,3,\cdots,n) \qquad (7.3-1)$$

式中：D_{ij} 指“源”j 与另一景观斑块 i 的距离；R_i 指景观斑块类型 i 的阻力系数，用来描绘景观斑块扩张的难易程度。

相关研究表明，不同景观斑块类型在运动和迁移过程中受到的阻力是有差异的，取决于景观界面对斑块类型生存、繁衍和迁移的适宜程度。而阻力系数也是相对的，只要能够相对地反映不同阻力因子的差异就可以用来进行费用距离的计算。设定阻力系数取值范围为1～10，阻力系数越大代表景观斑块越不利用“源”的扩张合并。城镇建设用地、大型灌区等涉及城市发展规划，无法调整的区域的阻力值最大，取值10；农田次之，取值7；未利用地取值5，退化草地取值1。

通过在GIS里采用1/2标准方差对累积阻力值分级统计，根据阻力值频率突变和空间分布特点确定临界阈值划分相应阻力值区间，将天然草原对整个可扩张区域的影响程度划分为扩张核心区、扩张连通区和扩张缓冲区，如图7.3-3所示。

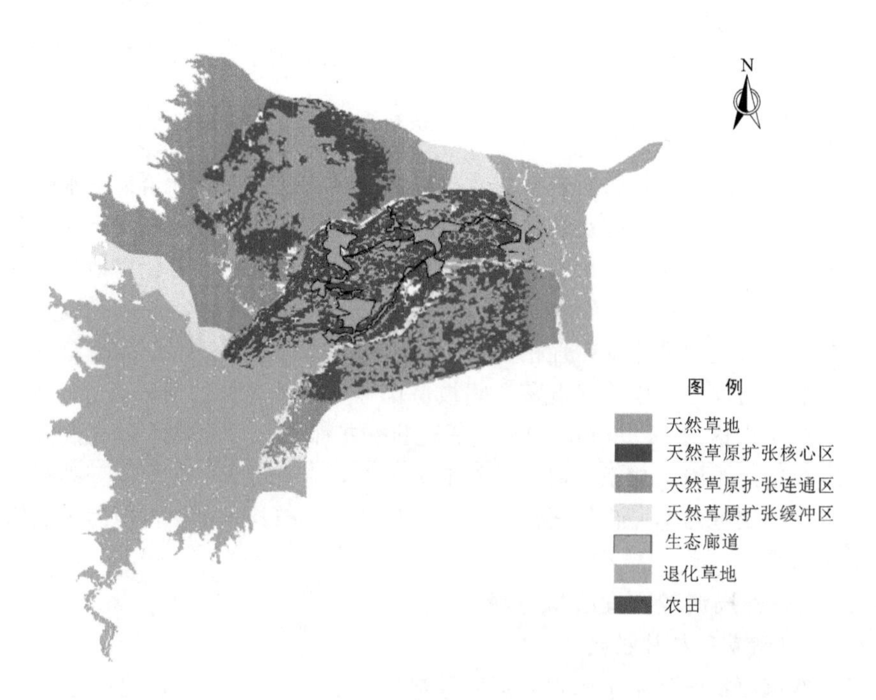

图7.3-3　西辽河平原天然草原扩张分布图

天然草原扩张核心区面积为8002.16km^2，分布在天然草原周围，阻力水平最低，对保护天然草原不受人类活动干扰、保持天然属性具有关键作用，是天然草原扩展的最直接区域，应将该区域的农田和未利用地斑块全部调整为草地，并将退耕还草区域通过人工种植或引种方式植入附近天然草原植物群落优势种和常见伴生种。

天然草原扩张连通区面积为9835.85km²。随着天然草原沿着扩张核心区往外围扩展，其受人类活动影响逐渐加大，该区域多呈现退化草地与斑块化农田和未利用地交错的景观格局，此区域与核心区不同的是，仅靠改变斑块属性为封禁草地或更进一步通过人工种植附近核心区植物群落优势种也将很难适应，需利用地下水补给植被临界埋深结合前述分析的不同水分条件下西辽河平原植物群落演替路径来对连通区的植物群落进行调整。

天然草原扩张缓冲区面积为4562.99km²。距离天然草原距离较远，阻力最大，现状景观多为大型灌区、城镇附近呈高度破碎化的农田和未利用地以及退化草地交错区域，该区域因受城市发展规划的限制，恢复到天然草原自然属性可能性很小，且极易在人类干扰加强情况下导致草原天然属性丧失，因此需要保护分布在此区域的斑块。通过退耕还草、限制开垦荒地、退化草场封禁等措施，维持该区域的稳定，从而为核心区和连通区草原生态系统的恢复提供安全边界条件。

7.3.3.2 地下水流场模拟

草原扩张区域仅从景观生态学角度对不同类型的景观进行调整，需要以灌区入渗补给地下水临界埋深为控制边界，逐步修复地下水潜流场，从而使得天然草原拓扑扩张区域地下水埋深逐步恢复到3m以内，使部分退化草原逐步恢复为天然草原。为此，通过分布式水循环模拟模型MODCYCLE为工具，建立西辽河流域水循环模拟模型，模拟西辽河流域地下水流场。

1. 模型构建及数据处理

MODCYCLE模型构建需要开展以下准备工作：基础空间数据搜集以及水循环长序列数据的搜集整理。其中，基础空间数据主要包含研究区DEM数字高程图、土地利用GIS图、土壤类型GIS图以及1∶25万的数字河道图。水循环数据主要为降水、气温、风速、辐射等气象数据，以及出入境水量、地下水观测井埋深数据和供用水量数据。本文将2001—2014年近期14年作为西辽河流域现状年研究时段，以选取的89个雨量站和22个国家气象站的2001—2014年数据和根据研究区所涉及地市水资源公报整理得到的用水数据为基础，进行西辽河流域现状年水循环模拟构建、参数率定和模型验证，作为未来情景的模拟预测工具。

如图7.3-4所示，将西辽河流域共划分为1551个子流。其中，平原区面积约6.56万km²，包含1085个子流域。计算网格以2km为间距，覆盖整个西辽河流域，共划分网格30173个。

通过给每一个网格的土地利用类型和土壤类型进行设定，得到初级基础模拟单元（图7.3-5），并根据灌溉方式、种植经济作物类别等对模拟单元进行合并处理，共合并得到27716个基础模拟单元。

2. 模型模拟结果验证

西辽河流域“降水-入渗-蒸发”的水循环特性，决定了地下水循环在流域水循环中的重要地位，因此，模型在验证时，应当对地表水循环结果与地下水循环结果进行分别验证。本文对比模拟期实测数据与模拟数据，对模拟结果进行了验证。

如图7.3-6所示，通过对比实测出境径流量与模拟出境径流量可以发现，通过模型模拟得到的出境流量与实测出境流量趋势高度吻合，相关系数高达0.95。模型模拟效果

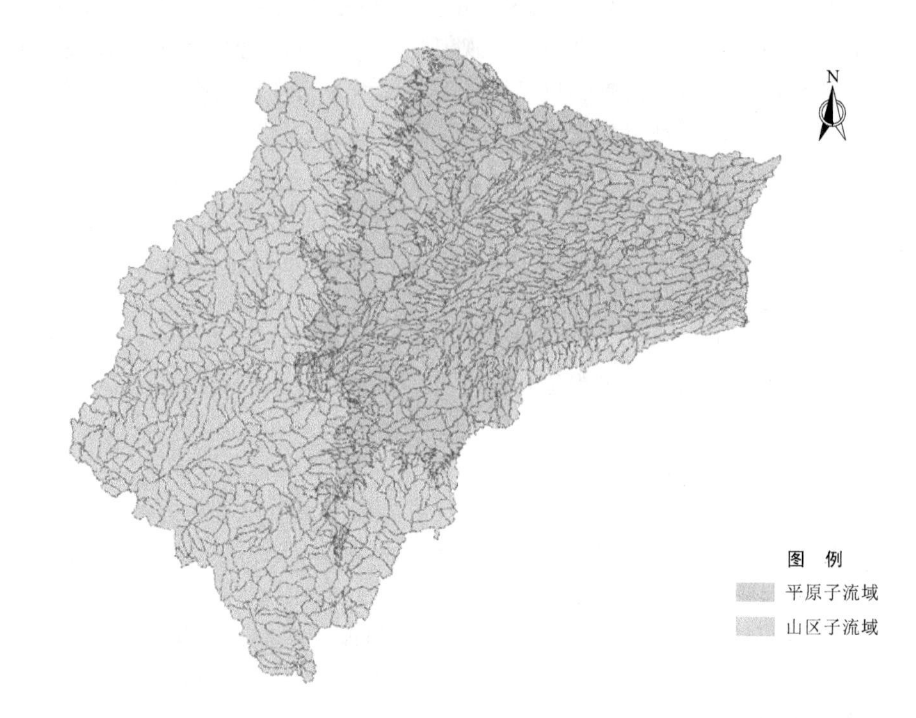

图 7.3-4 西辽河流域山区及平原区子流域分布

图 7.3-5 西辽河流域初级模拟单元分布

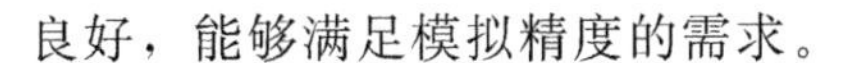
良好，能够满足模拟精度的需求。

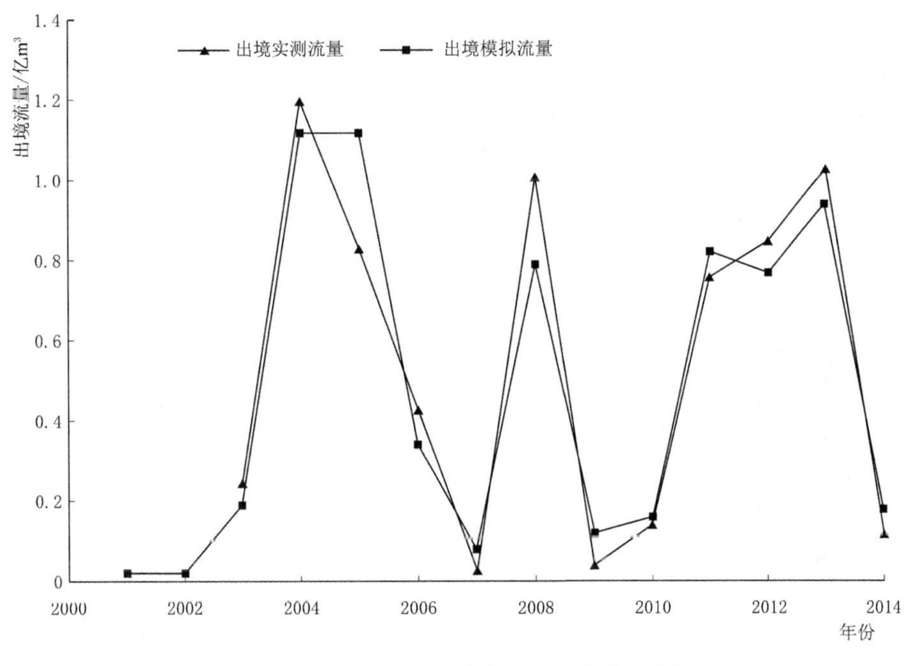

图 7.3-6 郑家屯出境流量实测与模拟对比图

如图 7.3-7 所示为西辽河平原 74 眼地下水监测井 2014 年的地下水水位实测值和 MODCYCLE 模拟值所绘制的地下水流场分布图。可以看出，通过模型模拟的地下水水位

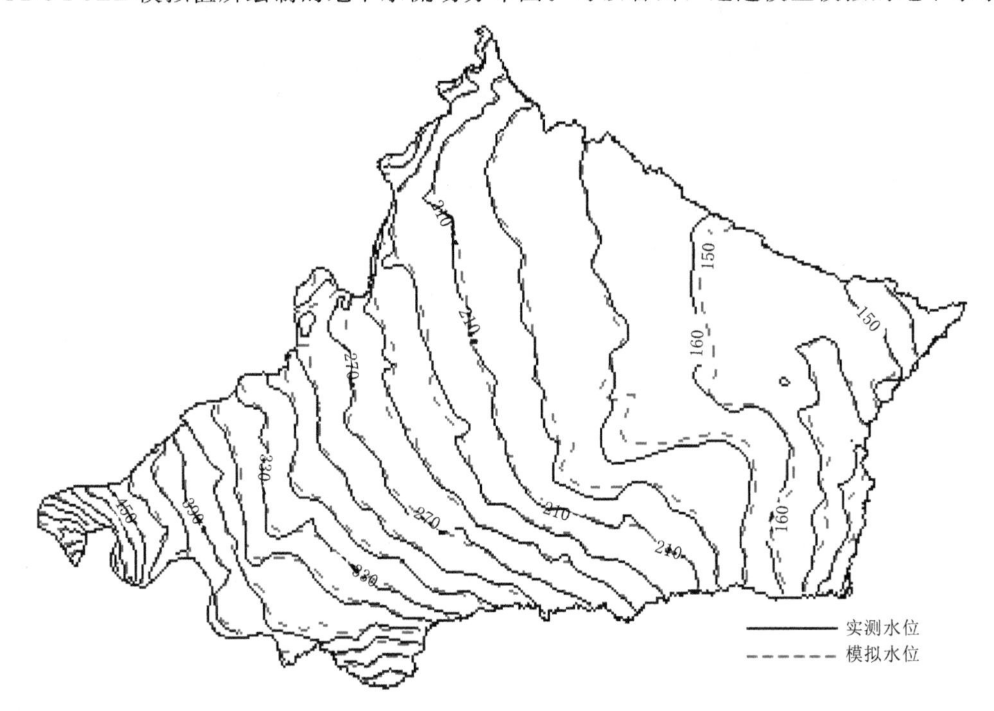

图 7.3-7 2014 年末模拟地下水位分布与实测对比（单位：m）

和实测水位趋势基本一致。

3. 西辽河平原地下水流场分布

本文通过 MODCYCLE 模型模拟了西辽河平原地下水流场，得到了 2001—2014 年各年的地下水埋深分布图。以 5 年为时段，对比分析 2001 年、2005 年、2010 年和 2014 年的地下水埋深等值线图，灌区分布较多的科尔沁区和开鲁市地下水埋深下降明显；奈曼旗和阿鲁科尔沁旗地下水下降区也呈扩大趋势；扎鲁特旗和科尔沁左翼后旗地下水埋深情况较好，下降区面积有所增加，但不明显，如图 7.3-8 所示。

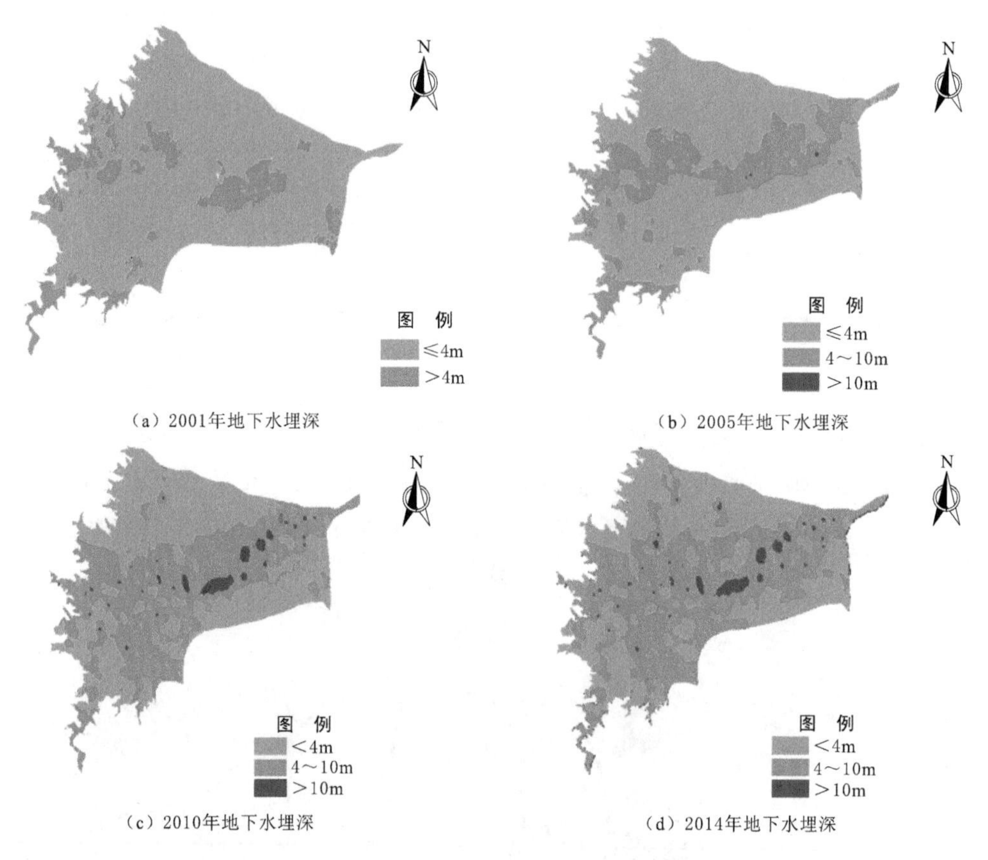

图 7.3-8　2001—2014 年西辽河平原地下水埋深等值线图

4. 地下水流场恢复目标

前面章节已得到地下水补给植被临界埋深为 2～3m，部分灌木植物群落临界地下水埋深可达 4m。通过叠加草原扩张区域和不同时期西辽河平原地下水埋深等值线图，分析不同情境下地下水潜流场支撑农牧区生态格局的合理性。按地下水埋深值小于 3m、3～4m、大于 4m 将扩张区域地下水条件划分为支撑、基本支撑、不支撑。

西辽河平原农牧交错带格局的调整是否合理，还需要叠加研究区域地下水条件进行分析。前面已经模拟了西辽河平原 2001—2014 年地下水流场。结合通辽市地下水监测井实测数据，可以看出，2000 年之前地下水埋深变幅不大，之后地下水埋深呈线性增长趋势。可以将 2010 年、2005 年和 2001 年模拟结果分别作为近期、中期和远期生态格局的地下水流场恢复目标。

7.3.3.3 生态格局调整

1. 生态格局现状

通过对西辽河平原的实地考察，西辽河平原现存农田面积 23372km²，主要分布在科尔沁区、开鲁县、奈曼旗、阿鲁科尔沁旗、敖汉旗等旗（县），其中，大型灌区面积 7538.82km²，主要分布在科尔沁区、开鲁县、奈曼县。小规模的农田斑块有 1934 个，面积为 3157km²，这些农田斑散布在西辽河平原，造成草地景观的破碎化，是进行生态格局调整的首要对象。天然草原面积为 8404km²，主要分布在扎鲁特旗和科尔沁左翼后旗，天然草原受人类活动干扰较小，区域内农田斑块较少，植物生物多样性丰富。退化草地面积为 27285km²，其中小于万亩规模的退化草地面积为 3938km²，这些退化草地散布在农灌区周边，呈高度破碎化的斑块。

地下水潜流场的分布决定了农牧景观格局的分布。地下水埋深小于 3m 的区域面积为 9044km²，其分布基本与现存天然草原吻合；地下水埋深在 3～8m 之间的区域面积为 47884km²，主要分布在科尔沁区、开鲁县、阿鲁科尔沁旗和奈曼旗，在西辽河平原中部形成一条巨厚的带状区，与农田的分布区域吻合；地下水埋深大于 8m 的区域面积为 8633km²，这部分形成了地下水漏斗的区域主要分布在科尔沁区和开鲁县，这两区（县）内均为农业大县，大型灌区多分布在此。

2. 低标准方案

按照低标准方案，随着天然草原区域的扩张及与退化草地景观的连通，以及在对灌区严格执行地下水开采利用 7～8m 的管理红线，地下水位将略有回升，地下水位（埋深）恢复到 2010 年水平，地下水埋深小于 3m 的区域面积为 20458km²，地下水埋深在 3～8m 之间的区域面积为 42494km²，地下水埋深大于 8m 的区域面积为 2609km²。分析地下水支撑西辽河平原生态格局的合理性，设定西辽河平原农牧交错带合理生态格局调整的低标准方案，如图 7.3-9 所示。低标准方案下，农灌区面积调整为 21769km²，天然草原恢复到 11579km²，退化草地控制在 19079km²。农灌区/天然草原结构比由现状的 2.78 减小到 1.88。

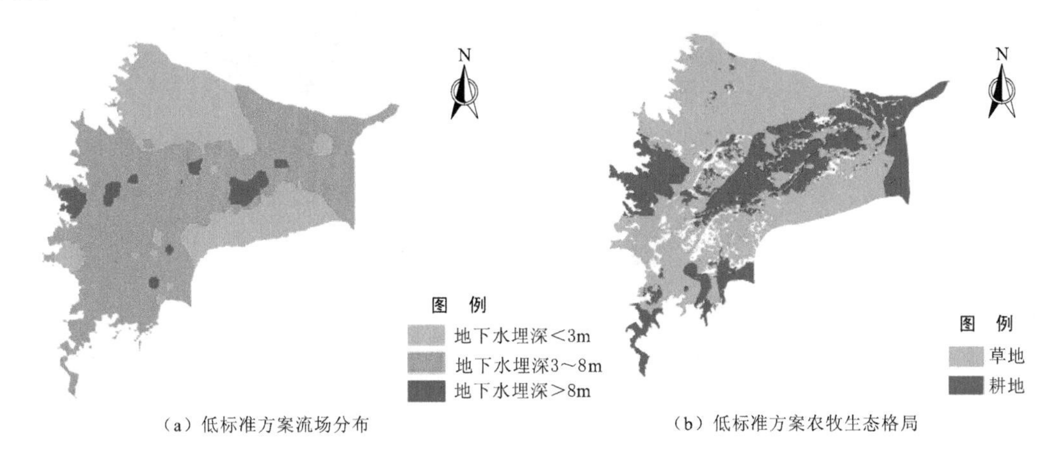

（a）低标准方案流场分布　　（b）低标准方案农牧生态格局

图 7.3-9　西辽河平原生态格局低标准方案

3. 中标准方案

按照中标准方案，地下水位（埋深）恢复到2005年水平，此时，地下水埋深小于3m的区域面积为33373km²，地下水埋深在3～8m之间的区域面积为30712km²，地下水埋深大于8m的区域面积为1476km²。对地下水条件不支撑生态格局的区域进行生态格局调整，分析地下水支撑调整后西辽河平原生态格局的合理性，设定西辽河平原农牧交错带合理生态格局的中标准方案，如图7.3-10所示。农灌区面积进一步调整为19656km²，天然草原面积恢复到20917km²，退化草地控制在15548km²。农灌区/天然草原结构比减小到0.94。

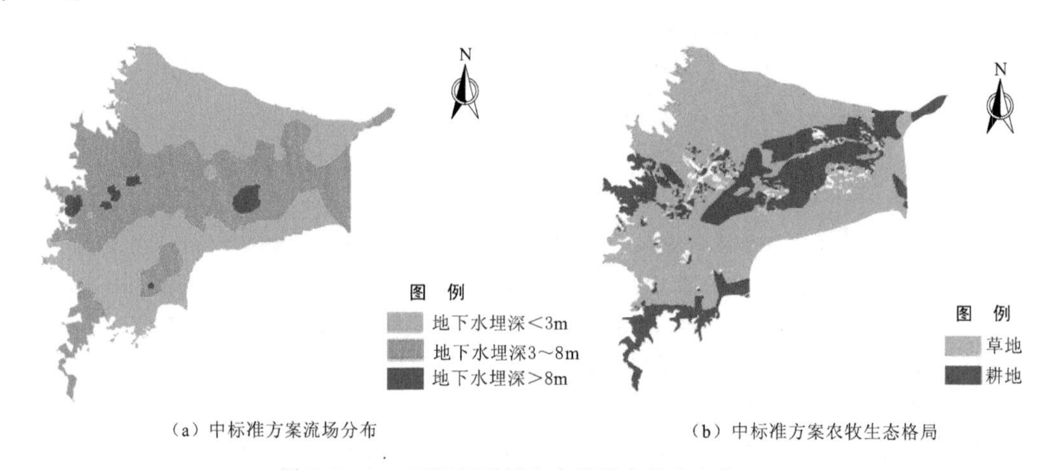

（a）中标准方案流场分布　　（b）中标准方案农牧生态格局

图7.3-10　西辽河平原生态格局中标准方案

4. 高标准方案

按照高标准方案，如图7.3-11所示，农灌区面积最终保持在16237km²，天然草原面积最终为29746km²，退化草地控制在10986km²。农灌区/天然草原结构比为0.55。

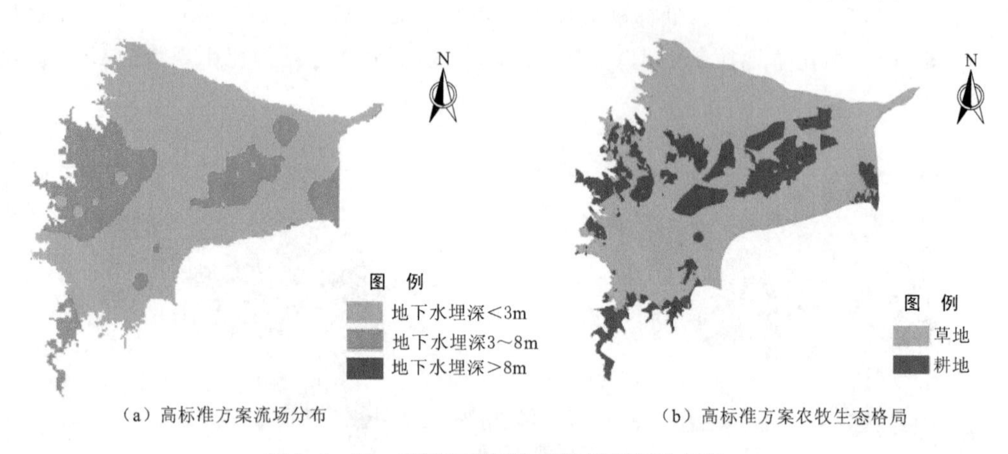

（a）高标准方案流场分布　　（b）高标准方案农牧生态格局

图7.3-11　西辽河平原生态格局高标准方案

通过前述原理和方法，以低、中、高三个流场为目标分别确定生态格局调整方案，见表7.3-1。经比较分析，低标准方案比较现实，易操作可行；中标准方案接近适宜状态，实现有一定难度，应该成为努力目标；高标准方案可行性较低。

表 7.3-1　不同方案下西辽河平原农牧生态格局　单位：km^2

土地类型	2017 年	低标准方案	中标准方案	高标准方案
农灌区	23372	21769	19656	16237
天然草原	8404	11579	20917	29746
退化草地	27285	19079	14548	10986
农灌区/天然草原	2.78	1.88	0.94	0.55
退化草地/农灌区	1.17	0.88	0.74	0.68

7.3.3.4 合理性分析

现有植物种群落空间扩张以地下水潜流场为驱动力，地表植被随地下水位回升以一定规则扩张，但草地面积的增加仅是现有植物群落在扩张区域的复制，并不意味着生物多样性的恢复。通过对西辽河平原草原植物群落演替分析，深刻认识到西辽河平原植物群落具有强烈的局地性，很少有一种群落能覆盖整个西辽河平原，部分对生境水分条件要求较高、群落分布局限于特殊区域。当此区域被开垦为农田或地下水条件剧烈变化而导致群落发生退化演替，干扰强度超过生态环境自身修复的阈值而发生结构性改变时，其结果一般是不可逆的。即使通过天然草原扩张，天然草原优势群落不一定能在扩张区域内形成稳定的生态格局，尤其是西辽河平原西南部沙地，其气候条件、土壤类型、地下水条件均与现存天然草原生境相差甚远，天然草原优势群落很难大面积发育形成稳定的植物群落。也正是因为群落和植物种分布的局地性，使得通过对草原生态格局的调整，增强了景观斑块的连通性，随着地下水条件的不断改善，能使部分轻度退化的草地植物群落得到恢复。如新开辟的农田区，土壤结构和土壤肥力未完全破坏，土壤中尚保留有大量的植物种子，已有研究表明，每平方米的土壤耕作层能包含六七万粒不同植物的种子，通过及时的退耕还草等措施，其植被物种多样性恢复的可能性很大。

总体而言，随着天然草原的扩张，在被现有群落强势扩张“入侵”的区域，物种多样性将会出现两个方面的变化：①部分植物种适应不了新的生境而变异或消亡；②新恢复的区域其土壤中残留或处于休眠状态的当地植物种的种子，在地下水条件恢复后被激发得以重生。最终，新恢复的草地形成一种既不同于现状，也不同于从前的新型群落，植被物种多样性总体上呈现平缓增加的趋势，使得草原的自然属性得到极大提高。

第8章 半干旱区"水-生态-经济"安全管理

西辽河流域地处农牧业交错带，研究提出与水资源生态基础相适应的农牧结构和经济社会发展模式极其重要。根据农牧区地下水临界埋深确定地下水分层开发利用管控指标，本书提出地下水差别化管理模式，支撑经济社会协调发展。在此基础上，本书分析了影响半干旱区"水-生态-经济"安全的结构关系，提出了促进区域可持续发展的循环经济产业模式。

8.1 农牧区地下水位差别化管控

8.1.1 地下水位管控原理

通过对西辽河平原临界水文条件分析可知，西辽河平原不同的地下水埋深对应不同的功能，以此为依据确定地下水分层开发利用管控指标，如图8.1-1所示。

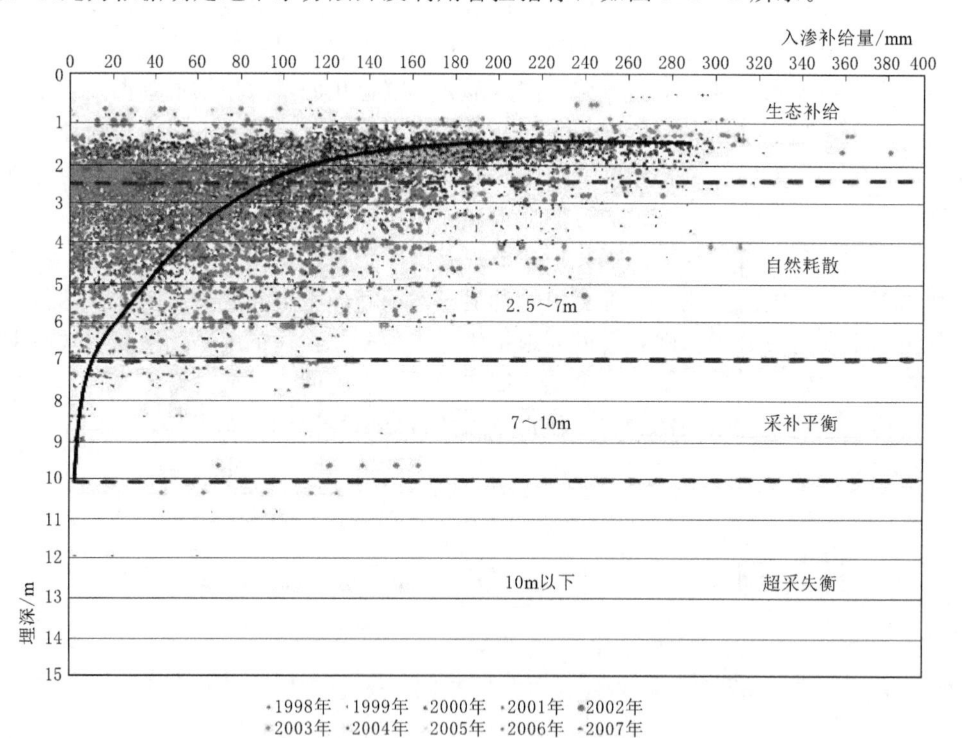

图8.1-1 地下水分层开发利用管控指标

（1）0～3m埋深的地下水生态补给。当地下水埋深在这一范围内时，地下水通过毛管上升作用补给地表植被，实现地下水对植物群落的补养支撑。此情况适用于牧区。

（2）3～7m 埋深的地下水自然耗散。此范围内在牧区已无管理操作意义。在灌区则不影响地下水的补给能力，属于安全利用区间。

（3）7～8m 埋深的地下水采补平衡。这一埋深区间是地面灌溉条件下地下水采补平衡的范围。膜下滴灌条件下，区间上移到 5.5～6.5m。

（4）8～10m 地下水谨慎开采。这一区间，处于突破临界埋深，不可长时间持续运行。

（5）10m 以上埋深，地下水位超采。在采补平衡水位之下，地下水已不能实现降水入渗的补给，属于超采。大量持续开采将造成地下水降落漏斗。

8.1.2 牧区地下水位管理红线

作为西辽河平原天然生态，牧区草原是西辽河平原生态安全的屏障。保证牧区草原生态的稳定是维持牧区生态安全的基础，因此牧区应以地下水补给植被的临界埋深作为地下水控制性指标，控制地下水位不可低于地下水补给植被的临界埋深。

根据西辽河平原天然植被景观格局分析与解译结果可知：

（1）最优控制埋深：对于草本植被，根系一般在 50cm 内，风沙土区地下水埋深应控制在 1.5m 以内，栗钙土区地下水埋深应控制在 2m 以内。

（2）最低控制埋深：对于灌木、半灌木群落，根系一般为 1～1.5m，草原风沙土、潮土和草甸土区地下水埋深应控制在 2.5m 以内，栗钙土区地下水埋深应控制在 3m 以内。

8.1.3 灌区地下水位管理红线

灌区应以入渗补给地下水的临界埋深作为控制指标。

根据前述分析，降水入渗和回归水是半干旱区地下水主要的补给来源。在仅依赖降水入渗补给的条件下，入渗补给地下水的临界埋深为 5.5～6.5m。回归水可以在一定程度上增加入渗补给地下水的深度，对于地面灌溉条件，灌溉回归水量最大，根据计算可增加入渗深度约 1.5m，因此需要控制地下水埋深不超过 8m；不同灌溉节水措施对于回归水有着不同程度的减少，回归水增加的入渗深度都在 1.5m 以内，在极端条件下，如大规模推广膜下滴灌，可以当作无灌溉回归水，需要控制地下水埋深不超过 6.5m。

考虑到灌溉方式对于地下水临界埋深的影响，半干旱区膜下滴灌面积不宜集中连片，可采取膜下滴膜与地面灌溉搭配的方式布置，这样保证入渗补给地下水的稳定性。

8.2 基于灌区地下水位管理红线的井群布设

半干旱区降水基本不产生地表径流的独特水循环特点，使得地下水成为灌区重要的供水水源，地下水开采是主要的排泄方式之一。在灌区如何控制地下水的开采方式是实现水资源利用与生态保护合理水位控制的关键。由于地下水的开采主要是通过开采井抽水，因此，地下水开采井的布置是保证合理地下水位的关键。

8.2.1 机井布设与地下水位埋深的关系

任何地区或者区域由于其含水层条件、气候、侧向补给等自然条件下的地下水的蕴藏量不同，该地区地下水水资源量与该区域生态系统、社会经济发展需水量相互耦合形成了一定的关系。

1. 宏观表象

假设在一个指定的区域内，含水层面积足够大，厚度为巨厚含水层，侧向补给与排泄稳定，人类参与地下水循环的主要方式是通过机井抽水灌溉。设想在取水初期，当人类在该含水层上打一眼机井抽水时，在外部气候等条件不变的情况下，机井抽水只会在含水层局部点与有限时间内产生地下水水位下降，机井停止抽水后，由于地下水的补给作用，地下水水位会恢复到正常水平，此时的机井抽水可以近似认为是稳定流；随着人类开采强度的增加，假设每眼机井出水量、口径、深度等相同，同时工作和停止，那么机井数量机会增多，假设开采量达到该含水层允许开采的最大强度，此时机井均匀分布于该含水层上，该含水层会在不同点上，有限时间内形成一定地下水水位降深，随着机井停止工作，一段时间后，由于地下水动力学原理，该含水层地下水水位会恢复到正常水平；随着经济社会的发展，人类需水量进一步增加，同样假设每眼机井出水量、口径、深度等相同，同时工作和停止，那么抽水量会突破该含水层允许承受的水资源量极值，如反映在机井上面就是机井数量突破了该含水层能够承受的极值，此时如果停止工作，在其他条件不改变的情况下，地下水水位将会下降，随着下次机井的再次工作地下水水位将会持续下降。综上假设情景可以看出在气候变化、侧向补给与排泄等条件不变的情况下，人类开采力度的增加可能导致地下水水位的下降，并在一定程度上可以通过机井数量的增加来反映，因此，机井密度过大，井与井之间距离的不合理在一定程度上是造成地下水水位下降的关键因素。

2. 微观机理分析

1863 年法国工程师、水力学家 Dupuit 提出在各向同性、隔水底板水平、井抽水初期水面水平半径为 R 的圆岛形含水层中，保持边界水头 H_0 不变，抽水井为完整时的抽水井井流运动形成是以井中轴线为轴线的圆形漏斗状水面，这就是著名的 Dupuit 假设，由此假设条件推导出来了著名的 Dupuit 公式。1870 年德国工程师引入观测井和影响半径的概念，将 Dupuit 公式在实际中应用。

根据 Dupuit 假设，一眼机井在一定流量抽水时产生以井轴线为中心的漏斗状地下水水位下降面，由图 8.2-1（a）可知，在机井抽水时，地下水水头会形成一个类似漏斗的形状，越靠近机井水头下降越多，在不受影响的边界水头维持不变。

假设两眼机井规模、抽水量等条件相同，根据单眼机井抽水时形成降落漏斗，针对两两机井之间的位置主要可以分为三种情况，示意图分别如图 8.2-1（b）～（d）所示。两两机井之间的距离 $L>2R$，如图 8.2-1（b）所示，两两机井之间不会相互干扰，此时如果停止抽水，一段时间后整个含水层的水位会恢复到抽水前的初始地下水水位；两两机井之间的距离 $L=2R$，如图 8.2-1（c）所示，距离处于一种临界状态，在自然状态条件下，两两机井之间不会相互干扰；两两机井之间的距离 $L<2R$，如图 8.2-1（d）所示，图中虚线表示是如果两两机井之间不产生相互干扰时各自抽水时形成的降落漏斗，实线表示的是两两之间相互干扰状态时实际的地下水位。根据叠加原理，两两机井干扰叠加区形成的地下水位是两眼机井水位下降之和。如果机井大面积布设不合理，势必会导致地下水水位的下降。

8.2.2 概念井构建与计算思路

1. 构建概念井

概念井定义是以水文地质和灌溉制度等作为边界条件，为探究该区间的水文地质参

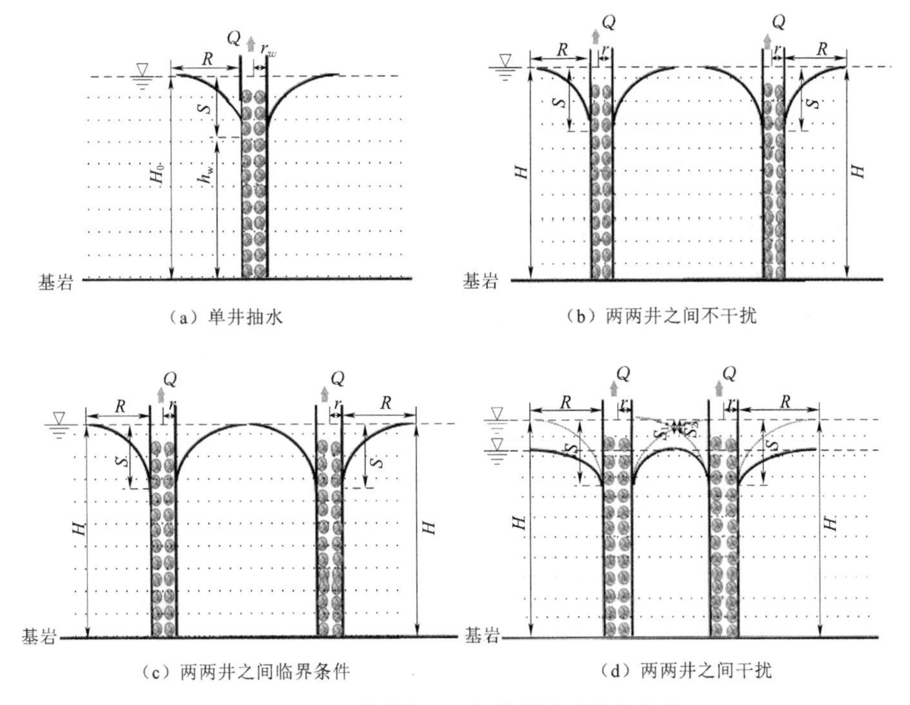

图 8.2-1 单井与两两机井抽水时水位变化

数，在该区域概化出的一眼规范完整井，通过设定机井不同的条件，获得能反映该水文条件下水文地质特性参数的概念井模型。基于需要计算不同概念井的理想干扰半径和不同井深的干扰半径，不同区域的概念井最重要的边界条件包括水文地质条件和灌区灌溉条件等。

利用水文地质相似性原则进行分区，分区原则：土壤种类、构造、质地等相同或者类似；含水层厚度相差不大或者近似，单井涌水量在同一个范围；表层土对地下水影响不大，主要是中间土层，分类时忽略表层土的影响，假设基岩完全不透水。

2. 计算思路

本书机井布设计算主要是针对生态问题比较重要的区域，该区域的生态又主要依赖于当地的地下水。

随着地下水与生态环境之间的研究逐渐深化，地下水生态水位的研究也越来越火热（陈敏建等，2004），现在关于地下水水位的阈值研究非常之多（陈敏建等，2019；Wang 等，2020），其目的是为实际地下水开采利用提供一个合理的区间，确定比较合适的地下水开采范围，因此在研究中针对地下水生态水位的确定十分常见。机井布设计算的重要目的也就是保障地下水生态水位或者说地下水最大临界可开采的水位，以地下水位生态水位为控制红线来对机井布设进行计算，主要分为完整井的干扰半径计算和重点区域不同井深对应的干扰半径的计算。

（1）完整井的计算。针对完整井计算中主要的参数处理方式主要有以下几种方式：

地下水最大允许降深值：主要利用 1980—2014 年研究区 75 眼地下水观测井的逐月地下水水位观测数据值求平均数得到当地的地下水现状埋深。结合在该区域的相关地下水生态水位的研究情况，选取最合理的地下水生态水位作为该区域的地下水临界水位，将地下水临界水位减去地下水现状埋深即为地下水最大允许降深值。

含水层渗透系数：是表征一个地区地下水渗透能力的一个指标，在计算中处理方法很多。本书主要利用水文地质图中几百眼钻孔涌水量与降深的资料，经过利用经验公式进行系统分析大量数据的方法，最后将不同区域的含水层渗透系数确定在一个区间内，根据自己计算的需求确定最终的含水层渗透系数值。

灌区灌溉相关值：每个地区由于灌溉的植物种类、灌溉方式、灌溉时间等不同，具有不同的灌溉制度。本书针对灌溉中使用的相关数据主要依靠实地调研考察的方式进行获取。主要数值指灌溉时的一般（平均）抽水量、抽水周期、单井灌溉面积（单井控制面积）、机井的半径和深度等数据。在处理过程中主要使用当地的实际数值，抽水量和单井控制面积等主要利用平均值。

在分析了主要的参数后，选择合理的计算公式，利用不同的形式，结合当地的实际情况进行机井井距的计算，机井布设计算方案如图 8.2-2 所示。

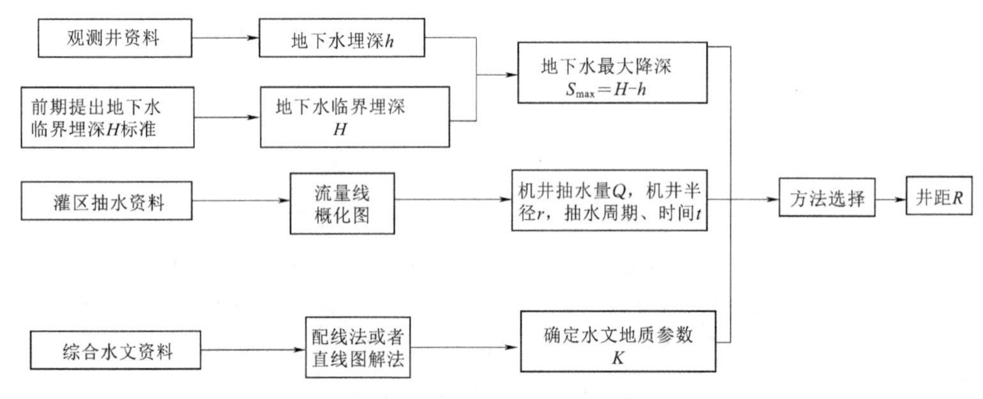

图 8.2-2 机井布设计算方案

（2）不同井深对应的干扰半径值。利用公式计算的理论干扰半径值只能反映当地水文地质条件，针对不同的井深计算不同的干扰半径值在实际应用中更加具有价值。

分析可以看出，不同的井深的涌水量是不同的，在相同的条件下，井深时来水面更大，水量更加充足，因此影响干扰的范围更大，如图 8.2-3 所示，在井深为 H_3 时的干扰半径大于井深为 H_1 的干扰半径值，即影响范围不同。在相同条件下，井深时抽水量大，影响范围也就更大。

8.2.3 干扰半径计算方法

计算公式选择 Dupuit 潜水完整井的理论公式，即

$$R = r_w \times e^{\frac{\pi KS(2H_0 - S)}{Q}} \tag{8.2-1}$$

式中：Q 为取水量，m^3/d；K 为渗透系数，m/d；S 为抽水过程中机井的水位降深；R 为干扰半径，m；r_w 为抽水井半径，m；H_0 为含水层的厚度，m。

潜水非完整井选常用的潜水非完整井的经验公式，即

$$R = 2S\sqrt{H_0 K} \tag{8.2-2}$$

上述中出水量可以通过单井平均涌水量确定，井半径通过实地调查为常数，含水层厚

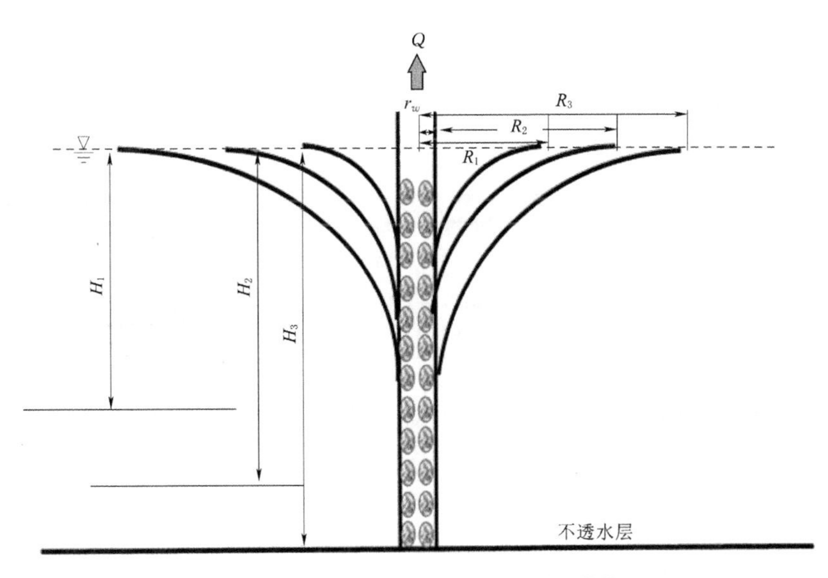

图 8.2-3 不同井深与干扰半径的关系

度通过水文地质调查数据确定，关键需要确定的参数为渗透系数 K 和降深 S。

渗透系数 K 利用的经验公式如下，参数 q 和 H 来源水文地质调查资料的钻井数据。

$$K=\frac{100q}{S} \tag{8.2-3}$$

式中：q 为单井涌水量，m^3/d；S 为单井抽水时动态下降深度，m。

最大允许降深 S 利用研究区的灌区降水补给地下水临界埋深减去调查得到的地下水现状埋深，计算公式为

$$S_{max}=H_{临界}-H_{埋深} \tag{8.2-4}$$

式中：$H_{临界}$ 为临界埋深，m；$H_{埋深}$ 为地下水年均埋深，m。

8.2.4 西辽河平原干扰半径计算

1. 水文地质分区

通过分析研究区水文地质图，利用相似性原则和含水层厚度对当地水文地质进行了五大分区，详细见表 8.2-1。

表 8.2-1 水文地质分区及参数

概念井	含水层厚度/m	渗透系数 K/(m/d)	分布范围
1号	120～170	4	科尔沁区科尔沁左翼中旗（西部、中部）、科尔沁左翼后旗（北部）
2号	130～200	6	开鲁县、库伦旗（养畜牧河以北）、奈曼旗北部
3号	20～100	2	库伦旗（养畜牧河以南）、奈曼旗南部
4号	100～140	6.5	开鲁县（石家公司附近）
5号	40～60	5	科尔沁左翼中旗东部

2. 渗透系数 K

渗透系数采用的原始数据为水文地质勘探时钻孔的相关信息，包括钻孔的涌水量、钻

孔深度、钻孔水位降深等相关数据，其中1号、2号、3号、4号、5号钻孔数量分别为130眼、238眼、25眼、8眼和24眼（图8.2-4），其中4号数量太少，其余利用式（8.2-3）计算渗透K。

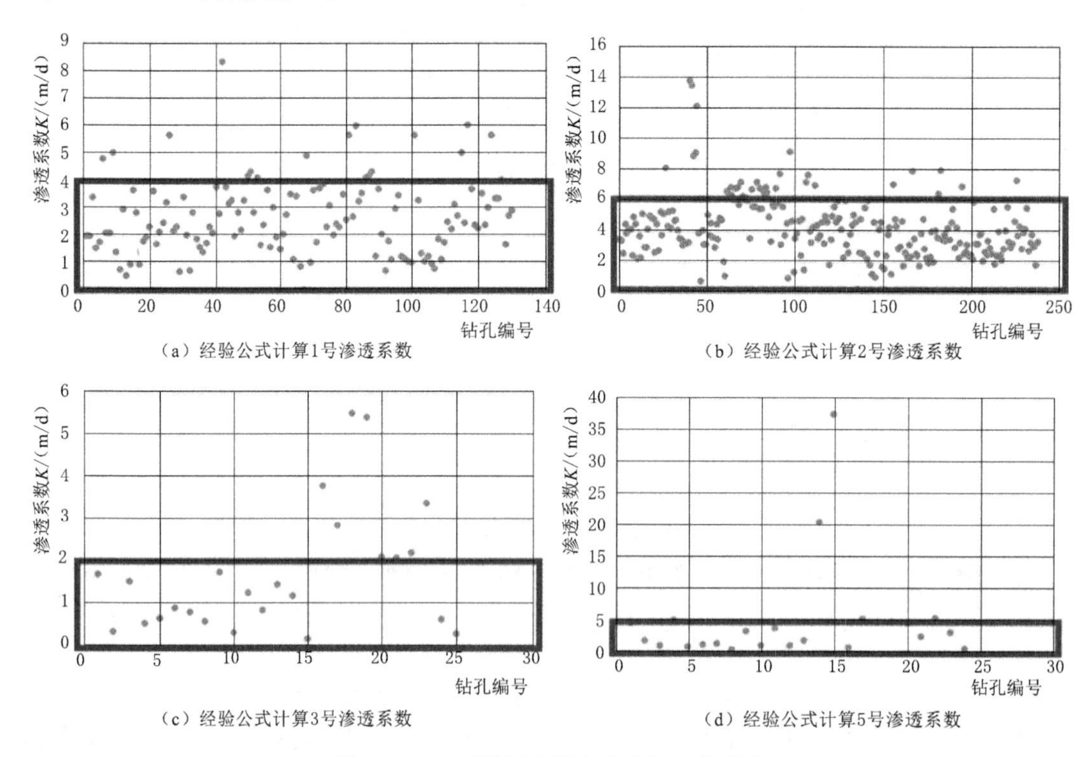

图8.2-4 不同概念井渗透系数K值分布

渗透系数与干扰半径成反比，所以渗透系数应该取最大值才能得到最安全的井距，由于4号范围所含有的钻孔数量少于10眼结合在该区域研究的相关成果，渗透系数取6.5m/d，详细见表8.2-1。

3. 最大允许降深S

根据现有区域的地下水埋深情况，结合地下水的管理红线，然后加上水文地质钻孔中单井涌水量和一个灌溉周期内降深最终稳定值，利用式（8.2-4）得最大埋深的值见表8.2-2。

表8.2-2 概念井水位最大允许降深

概念井	1号	2号	3号	4号	5号
地下水埋深/m	3	3.5	2.5	3	1
管理红线/m	8				
最大允许降深/m	5	4.5	5.5	5	7

4. 干扰半径计算

机井的半径r_w为0.1624m，出水量Q取灌溉抽水井灌溉时的平均值，含水层厚度取平均值，将上面的相关参数代入式（8.2-3）对不同区域的完整井井距进行计算，得到的结果见表 8.2-3。

表 8.2-3　不同区域完整井理论计算干扰半径

概念井	r_w/m	H_0/m	S/m	Q/(m^3/d)	K/(m/d)	R/m
1 号	0.1624	150	5	2500	4	268
2 号	0.1624	160	4.5	3500	6	339
3 号	0.1624	60	5.5	500	2	442
4 号	0.1624	120	5	3000	6.5	481
5 号	0.1624	50	7	1500	5	148

利用 2 号区域所有 238 眼水文地质钻井获得平均涌水量，平均降深等，利用式(8.2-2)进行计算，结果见表 8.2-4。

表 8.2-4　2 号区域非完整井经验计算干扰半径

井深 H 范围	平均涌水量 Q /(m^3/d)	平均降深 S /m	平均渗透系数 K /(m/d)	平均孔深 H /m	机井半径 r /m	经验公式 R /m
$H \geqslant 200$m	1358.21	4.10	6.00	237.82	0.15	309.45
100m$\leqslant H<$200m	1578.86	6.14	2.57	129.94	0.15	224.47
80m$\leqslant H<$100m	1206.10	2.40	7.14	91.55	0.15	122.64
60m$\leqslant H<$80m	1338.36	3.79	7.14	64.30	0.15	162.43
50m$\leqslant H<$60m	1518.40	2.90	12.74	53.52	0.15	151.20
40m$\leqslant H<$50m	1458.09	3.26	13.11	44.31	0.15	157.27
30m$\leqslant H<$40m	1264.64	3.39	14.02	34.58	0.15	149.32
20m$\leqslant H<$30m	1266.68	3.71	17.19	25.83	0.15	156.30
10m$\leqslant H<$20m	1010.99	3.00	28.05	15.60	0.15	125.65

8.2.5　灌区机井管理建议

根据干扰半径的设置，其抽水井在农牧交错带设置时，农区外缘抽水井距至少应控制在农区内部大于等于抽水井干扰半径的范围内，使其降深保持在一定程度不致扩散。

对农区内部的抽水井空间分布，其井距至少应控制在抽水半径的 2 倍，使抽水井之间不出现交错影响情况。

(1) 通过理论分析，将地下水水位管理转化为机井井距的管理在一定程度上具有合理性，可以作为一种管理方式的尝试。

(2) 通过计算，以开鲁县为主体的 2 号区域完整井井距为 340m 左右，科尔沁区为主体的 1 号区域完整井井距为 270m 左右；在奈曼旗与库伦旗南部为主的 5 号区域完整井井距为 150m 左右。

(3) 以开鲁县为主体的 2 号区域作为典型区，计算不同井深的干扰半径值，计算结果表明，当机井井深在 100m 以上时，机井干扰半径范围值为 225～310m；当机井井深为 60～80m 时，机井干扰半径为 165～225m；当机井井深小于 60m 时，机井干扰半径为 150m。

8.3 西辽河平原“水-生态-经济”安全的结构关系

8.3.1 五大结构关系

影响半干旱区资源生态安全与经济发展主要有五大结构性矛盾，也称结构关系，即水文循环结构、生态系统结构、土地利用结构、农牧结构、社会结构，其中水文循环和生态系统是基础，如图 8.3-1 所示。

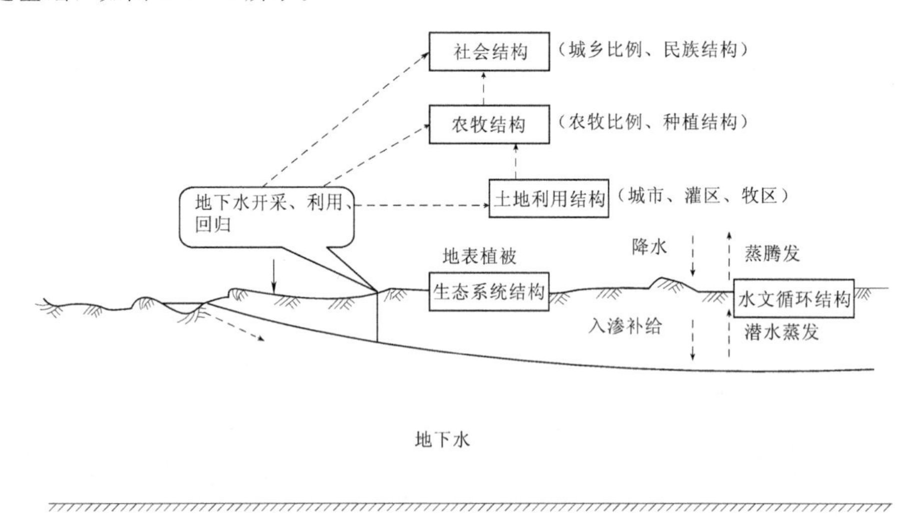

图 8.3-1 半干旱区“水-生态-经济”安全的结构关系

1. 水文循环结构关系

正确认识西辽河流域降水-径流产汇流的特点和生态属性，影响全局的核心问题是地下水，西辽河平原地下水的合理利用影响整个生态格局。这是解决所有问题的资源基础和物质基础，是所有问题的汇集点，这是一个不可忽视却又常常被忽视的矛盾焦点和问题的起源。能否真正做到科学合理地利用地下水取决于对自然科学问题的正确认识，必须在遵从自然规律的基础上谋求发展。

西辽河平原的水文循环以垂直循环运动为主，决定了水资源与生态特点：降水垂直向下运动，到达地面后继续向下的下渗运动是地下水形成与补给更新的来源；向上的潜水蒸发是地下水耗散的主要自然因素，更是补给支撑地表植被生态的来源。以抽采地下水灌溉为标志的水土资源开发利用对水文循环的干扰也是垂直运动，这种干扰具有积累效应。最先改变的是水文循环的向上运动，地下水耗散很快失去补给草地植被功能，干扰效应的持续积累接着会改变向下运动，使得下渗失去补给地下水功能，此时水文循环被阻断，生态系统完全破坏。

2. 生态系统结构关系

西辽河平原自然生态是受地下水支撑的草原植被，草原农牧区生态格局及演替与地下水潜流场变化密切相关。生态系统的空间格局和景观变化反映了地下水空间分布的格局演变。草原生态代表着西辽河平原生态系统的自然属性，是支撑这个区域的生态基础，因此草原的生态安全不仅仅关系到牧区本身，也极大地影响着整个西辽河流域的生态质量和安全稳定。由于生态系统对人居环境质量和社会影响巨大，其安全调控赋予了人的主观需求，因此可以反馈成为调控地下水的约束条件和标志性需求。

以上两个结构关系共同组成“水-生态-经济”的资源环境基础，都属于自然规律，所有的经济社会活动都必须遵从这些规律。它们在经济社会发展中既是处于被动的一方，又由于自然规律的天性反馈给经济社会系统，惩罚过激行为。不可盲目以为人定胜天，一定要人与自然和谐相处，因此该关系属于制约性的结构关系。

地下水的盲目开采、生态系统的持续演替将对该区域经济社会发展产生较大的负面影响。亟须理顺这种驱动关系，使地下水开发利用有序进行，是解决资源环境问题的关键。

3. 土地利用结构关系

城区、农区、牧区的土地利用格局，其比例关系和空间布局，反映了受人工干扰下生态系统的演变格局。近 15 年是西辽河平原土地利用格局发生历史性逆转的时期，西辽河平原目前已经成为人工生态为主导的局面，以草地、水域代表的自然生态系统属性降低到从属地位。生态系统自然属性的散失将导致区域自然资源，特别是水土资源的枯竭和可再生能力的下降，导致生态基础的弱化，这对整个区域的经济社会与生态安全是一个重大隐患。西辽河平原土地利用结构关系的演变是生态危机的重要标志。农灌区的盲目扩大，消耗了大量水资源，导致生态退化，草原牧业受到严重影响，使牧民发展与生存条件受到影响，进而可能影响社会安定。这实际上是一场全面的危机发展趋势。

4. 农牧业结构关系

西辽河平原经济结构总体布局以农牧业为重心，包括农牧比例、种植结构比例，反映社会总生产力，是社会经济发展的产业基础，更是水土资源开发利用并进而改变生态格局的驱动力。生产力的发展和布局直接影响到水土资源开发，是所有经济社会活动的机器。

农牧业结构关系和土地利用结构关系属于工具性的，是人类经济社会活动对自然资源和环境施加影响的工具，经济社会发展的需求和决策通过它们来实现。

5. 社会结构关系

社会结构关系包括城乡人口比例、民族构成，反映生产关系和分配关系，与农牧结构关系密切，深层次地反映了民族关系，是社会发展的发动机和水土资源利用与生态环境改变的原始驱动力。所有的经济社会活动的决策和价值取向都来自于这个体系。

从社会构成与经济发展看，西辽河流域的 783 万人口中，蒙古族有 192 万人，占全国蒙古族人口的 1/3，人口组成构成了西辽河草原农牧区以蒙古族为主体，汉族为多数的多民族聚居地区。西辽河流域的民族特点，形成了以传统农牧业为主的经济基础，是我国重要的农业开发区。农牧业兼顾发展也反映建立民族团结和谐关系的需求。

8.3.2 结构关系的传递和互动

以灌区和牧区地下水差别化管理制度创新为基础，支撑经济社会协调发展。社会结构关系处在“水-生态-经济”驱动关系的顶层。其决策传递到农牧业结构布局，进而产生和驱动土地结构关系改变，通过水土资源开发利用实现这个改变，影响水文循环结构关系和生态系统格局。水文循环和生态系统结构关系通过自然规律特别是生态的变化，将改变的后果反馈给经济社会系统，使得社会结构的合理性和决策是否谨慎正确得以显现，从而给出调整的信息，如图 8.3-2 所示。

8.3.3 西辽河平原"水-生态-经济"安全保障

为了达到西辽河平原"水-生态-经济"安全的根本目标，必须协调处理好五大结构关系，每个层面上都有目标，构成系统的安全准则，提出符合"水-生态-经济"安全的西辽河平原经济结构和经济社会发展方式的调整意见与方案。

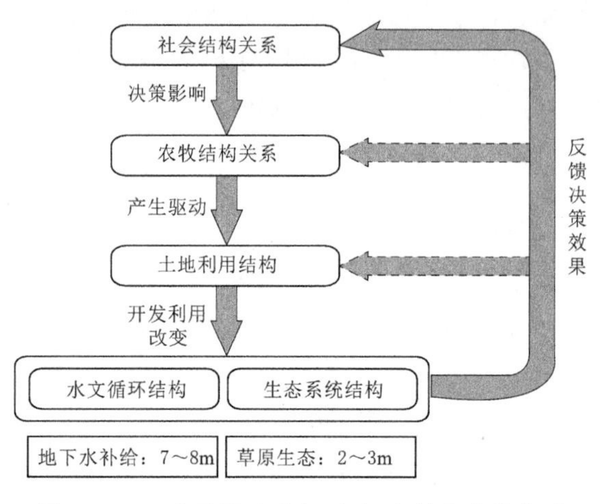

图 8.3-2 半干旱区"水-生态-经济"安全体系

8.3.3.1 西辽河平原"水-生态-经济"安全目标

如图 8.3-3 所示，在资源与生态安全的基础层面：科学合理利用地下水，保障含水层涵养能力；保护草原生态系统自然属性，保障草地资源永续利用。

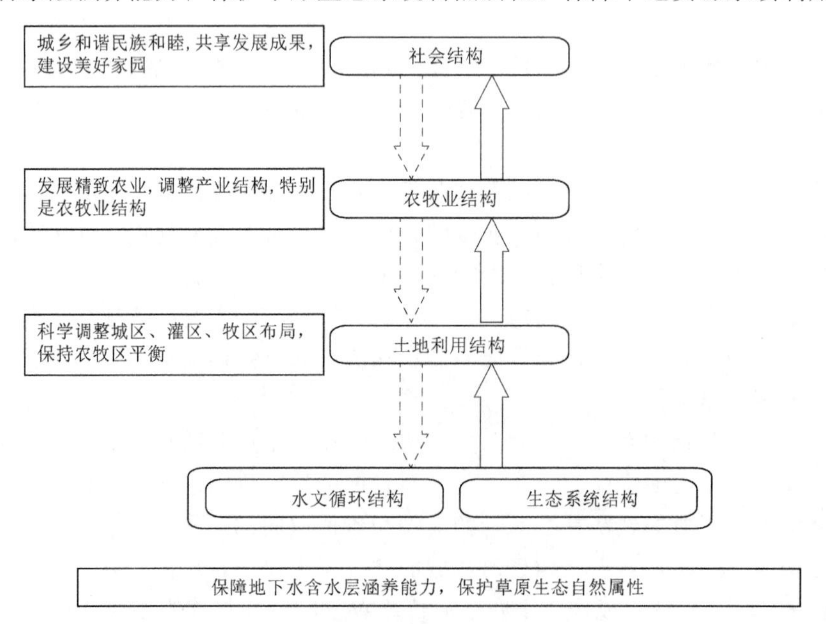

图 8.3-3 西辽河平原"水-生态-经济"安全目标

在处理城乡布局农牧区布局上：科学调整安排城区、灌区、牧区布局，保持农牧区平衡。

在产业结构调整上：发展精致农业，调整与水土资源生态环境相适应的产业结构，特别是农牧业关系。

在社会发展总目标上：城乡和谐民族和睦，全民共享发展成果，共同建设美好家园。

8.3.3.2 西辽河平原"水-生态-经济"安全评估准则

根据"水-生态-经济"安全目标，研究可操作、可度量的"水-生态-经济"系统的安全评估准则，为五大结构关系划定红线。

（1）为了科学合理利用地下水、保障含水层涵养能力，必须按照地下水控制性指标，严格控制农区地下水稳定。地下水控制性指标（埋深7～8m，局部地区10m）是灌区水资源管理的红线，不可逾越。这也是本区域生存与发展的生命线。

（2）为了保护草原生态系统自然属性，保障草地资源永续利用，严格控制地下水补给植被生态的能力，按照草原植被生态地下水控制性指标，草本群落地下水埋深应在1～2m，灌丛草原地下水埋深应在2～3m，这是保障生态系统安全的红线，对整个区域具有全局意义。

（3）为了保障城乡、农牧区总体布局安全合理，必须严防比例失衡，自然生态系统经过长期自然淘汰与优化，安全性远比人工生态优越，是构成区域安全的骨架，因此应该严格控制草地牧场与耕地面积的比例，草地占优为好，退一步至少应该比例相等。

（4）产业结构发展的安全准则是：工业与农牧业形成循环经济产业链，发展加工业，严控高耗水重污染准入；农牧业形成生态互补链，建设精致农牧业，每个生产环节上注重高效合理清洁高品质，严防种植业独大的一元结构；种植结构上注意粮、果蔬、经济作物协调均衡。

（5）为了建设美好家园，必须保持并加强草原农牧区固有的传统特色和独特的人文自然景观。西辽河的水土资源生态资源是当地各族人民世世代代赖以生存与发展的基础，地下水丰富、水草肥美的自然资源是西辽河的龙脉，保护好龙脉应该成为官民共同意志，当地各民族同胞对发展的信息共享、资源共享、机会均等，是建设美好家园的最重要标志。

8.3.3.3 调整与管理建议

1. 关于地下水安全利用

西辽河平原地区河道宽浅，水源来自于上游下泄，当地降水不产生地表径流。由于沙性土壤孔隙发育，降水垂直入渗活跃，地下水的形成依赖降水补给，天然情况下兼有河道下渗补给。地下水潜流场埋深浅，其水分耗散补养草原植被。降水入渗补给地下水，是草原农牧区的主要水源。

西辽河出山口外坡面平缓、土质结构较单一、地域广阔、降水分布均匀，具有优越的大规模地下水储存条件，形成一个巨大丰厚的地下含水层，是西辽河平原水土资源开发利用与生态稳定的资源保障。由于形成条件独特且含水层环境优越，地下水水质优异。

农业灌溉是维持西辽河平原经济社会发展的基础。农区地下水要维持自身的稳定和可再生性，即地下水开采水位必须控制在补排平衡范围内，若超采导致地下水位降落到过度超采区，则破坏了地下水的平衡。

保护地下水再生能力的关键是对地下水位的控制，根据前述地下水入渗补给的临界埋深分析，在降水入渗补给的条件下，维持地下水入渗补给的埋深需要在5.5～8.5m。由于农区有稳定的灌溉回归补给，因此，其维持地下水入渗补给的埋深一般可控制在7～8m之间，局部地区可达10m，能满足降水与灌溉回归共同入渗补给下的地下水稳定，超过该水平时，地下水含水层将可能出现漏斗。

2. 关于草原农牧区生态安全

牧区草原是西辽河平原的重要组成，既是生态资源，又是牧业生产资料，不可偏废。

保证牧区草原生态的稳定是维持牧区草原生态安全的基础。

保障草原植被生态的地下水控制性指标：根据西辽河平原天然植被景观格局分析与解译结果，草甸本身为湿生植被分布，地下水位应控制在草本群落根系吸水的范围内，在草原风沙土区，地下水埋深应为1.5m以内，栗钙土区地下水埋深应在2m以内。而广泛分布的草原植被区，在灌木、半灌木草原的生态格局分布下，要实现地下水对植被的补给，其地下水埋深应控制在灌木群落根系层吸水的范围内。在草原风沙土、潮土和草甸土区，地下水埋深应为2.5m以内，在栗钙土区，地下水埋深应在3m以内。

3. 关于城乡农牧区安全布局

灌溉农区规模过大，造成了整体生态质量下降，并潜伏着重大生态危机。要调整农牧区布局，控制灌区发展与扩张，将农牧区面积比例恢复到2000年的水平是最低要求。其关键是控制地下水位。

西辽河平原长期保持约80%的土地为草原牧场与灌区耕地之和，目前这种总体格局依然如此，但农灌区耕地与牧区草地面积之间的比例在近15年逆转失衡，分别由1995年占平原总面积的34%与44%，转变为2017的47%与33%，严重失衡，代表着自然生态遭到重大破坏，会带来一系列深层次的、长期的严重后果。至少要使耕地与草地面积大体相当，这是最低要求。如此，选择7%的低产并且灌溉保证率低的耕地退还给草地，大约31.7万hm^2，使得耕地与草地各占平原总面积的40%。

退耕还草也隐含增加地下水的储备，保守地估计，若草地地下水平均埋深按2m、耕地按4m计，则退耕还草后地下水位将回升2m，按平均给水度0.1计算，可恢复地下水储备6.34亿m^3。

4. 关于产业结构调整

西辽河流域地处农牧业交错带，研究提出与水资源生态基础相适应的农牧结构和经济社会发展模式极其重要。

在产业发展的总体布局上，应该贯穿循环经济思想。工业与农业关系积极互动。农业作为区域发展的产业基础，成为工业发展的依托和原料供应者。工业对农林牧业产品的需求刺激，促使农业降低投入产出比，提高经营水平，农业得到发展。发展低耗水、低污染的工业，利用其副产品作为农业的优质肥料（如食品、饮料、酿造业的排放物）。以农业资源为基础的深加工业产品往往具有鲜明的地方特色，附加值高，具备较强的竞争力。

农牧业结构布局上要防止出现种植业独大的一元化结构。畜牧业与草场的萎缩和种植规模过大，使土地退化加快，增加农业发展风险，最终会损害农业自身发展。种植业过大也损害了传统从事牧业的少数民族的经济利益。因此，处理好农牧林业的关系有助于改善民族关系，有利于社会安定和民族团结。

新型的农牧业关系属于农、牧有机转化体系。在保护总体生态安全的前提下，种植粮食和经济类农作物，倡导农区畜牧业和牧民定居放牧，形成农-牧有机转化，水土资源共享，经济效益与生态保护兼顾的精致农牧业体系。

农牧业结构中最重要的是调整种植业的结构。种植业结构调整的总原则是在部分退耕还草的前提下提高复种指数，经济效益不断提高，粮食产量稳中有升，灌溉耗水量显著减少。按此项原则，增加玉米、荞麦、高粱、蔬菜瓜果的种植面积，降低水稻、小麦、豆类、油料的面积。

目前畜牧业发展依靠天然草地为主。需要将天然草地与集约化草地经营相结合，弥补草地退化、产量下降，增补饲草来源、提高发展潜力，促进畜牧业生产向现代化转型。针对草地面积减少、退化、生产力较低，需重点加强改良、补播，扩大人工和半人工草地面积，建立规范化、科学化、系统化的工程草地，达到人为有计划地提供饲草。提倡建立个体牧场，促进农牧林综合开发、多种经营、全面发展。

5. 关于社会稳定共享发展成果

西辽河流域具有多民族、农牧业为传统的人文社会历史背景。从人文社会历史条件看，该地区为以蒙、汉族为主的多民族聚居地区，从长期的游牧生产方式在20世纪急速转变到农牧业兼有的农业产业结构，生产力的转变带来一系列亟待解决的水土与生态资源再配置调整问题。这既是资源环境生态安全问题，生产力布局调整问题，同时也是利益重新调整的问题。

共享发展成果包括三个方面：①信息共享，发展目标与计划要广而告之，形成公众参与机制；②资源共享，灌区牧区发展不偏废，人民安居乐业；③机会均等，各民族各阶层发展均衡，政府投入平等。

8.4 面向生态安全的循环经济发展模式

8.4.1 循环经济产业链和循环型产业体系分析

基于“水-生态-经济”安全体系，以通辽市为例，研究循环经济产业链，建立了通辽市循环经济系统动力学仿真模型，包括社会发展，水资源支撑，第一、第二、第三产业发展，牧殖发展，循环产业，废物循环等八大子系统，各子系统间通过水资源利用配置及闭环反馈关系构成相互影响、相互作用的一体化系统，如图8.4-1所示。

通过系统动力学仿真的模拟，结合对通辽市社会经济发展的深入走访调研，本书提出了通辽市循环经济产业结构发展思路：在通辽市可发展以玉米、畜牧精深加工为主的循环产业，初期通过大力发展初级循环产业奠定基础，中期通过发展中级循环产业进一步提升，后期通过建设高级循环产业作为有力支撑，进而带动经济发展、促进社会进步、提高水资源效率、降低水资源消耗、改善生态环境等一系列良性效应。按照国内外发展循环经济的经验，建议通辽循环产业部门可延长农业部门产业链条，促进工业部门内部协调发展，实现废物循环利用、变废为宝，降低污染物排放，并为农业人口进城创造良好的就业条件，实现一举多赢的理想结果。

8.4.2 循环经济产业布局和调整优化

对通辽市78个乡镇开展深度调研并结合通辽市统计年鉴、各旗县统计年鉴、通辽市遥感图像等资料，制作了通辽市传统发展状态下的农牧空间格局。从自然条件、社会经济条件、土地利用等准则层入手，对通辽市进行一般可持续发展状态的空间功能划分，主要分析地形起伏度、降水量、可利用水资源条件、生态本底条件、地质灾害条件、公共财政收入、人口密度、交通优势度、夜间灯光指数、耕地草地比例等基础指标。在一般可持续发展状态基础上，增加水资源胁迫评价指标，构建水资源胁迫下农牧功能划分评价指标体

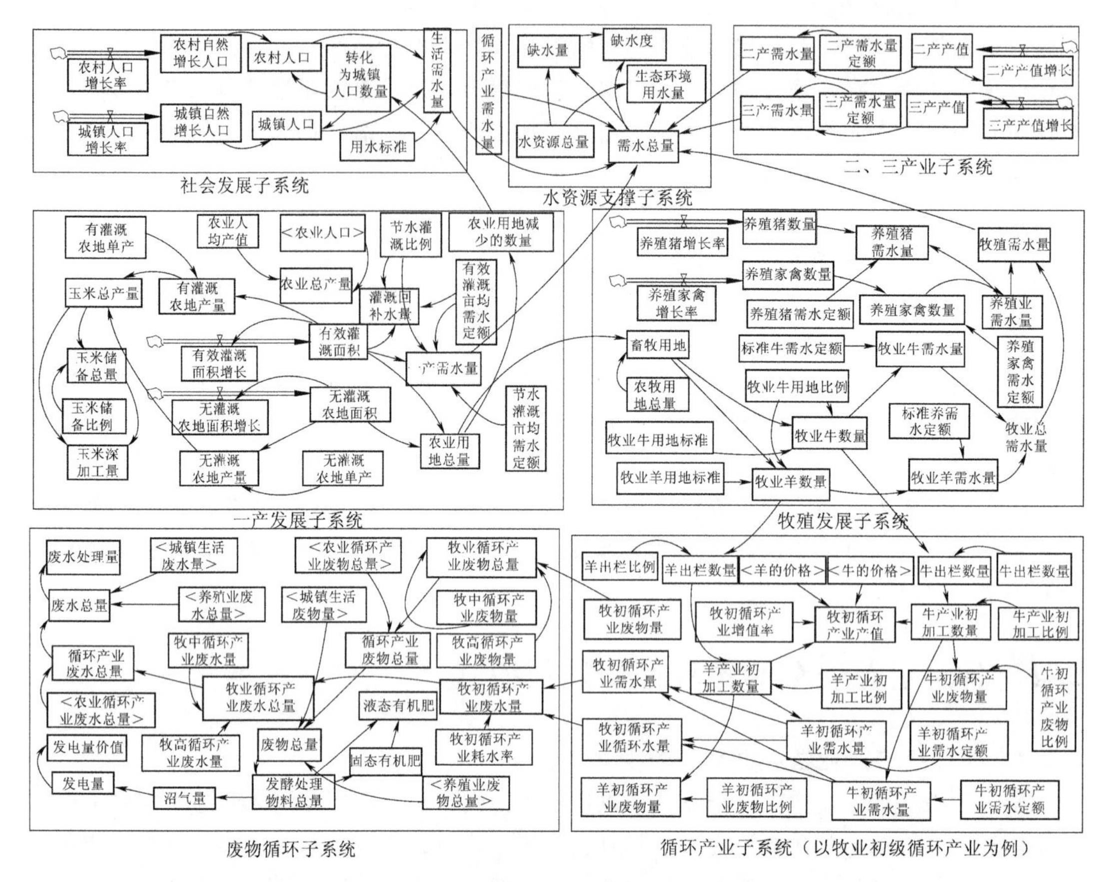

图 8.4-1 通辽市循环经济系统动力学仿真模型

系，从而得到水资源胁迫下通辽市的农牧空间功能分区。最终科学地将通辽市空间功能类型划分为农业生产功能区、农牧业生产功能区、牧业生产功能区，为农业循环经济模式、农牧业循环经济模式和牧业循环经济模式的空间布局奠定基础。

采取咨询法将计算的农牧空间功能分区结果反馈给各乡镇领导，请其对该乡镇的农牧功能作出判断，同时辅以通辽市实地调研的认知，对农牧功能的计算结果进行修正，得三种状态下的空间功能分区图，主要包括四大类区域：农业主导功能发展区、半农半牧功能区、牧业主导功能发展区和城镇建设区，如图 8.4-2 所示。

8.4.3 循环经济发展模式空间布局

通辽市循环经济结构与布局包括农业循环经济模式、牧业循环经济模式、农牧循环经济模式，如何推进不同循环经济模式在空间上的合理布局，是促进通辽市在循环经济模式下可持续发展的关键问题。以上述的分析研究为基础，以通辽市乡、镇为单元的农牧功能划分为依据，进行不同循环经济模式的空间布局。

根据前述研究，将传统发展状态、可持续发展状态和水胁迫发展状态下农牧功能一致的乡镇确定为农牧功能发展协调的乡镇。根据发展循环经济与农牧功能相一致的原则，目前在协调型乡镇中，适宜发展农业功能的乡、镇（苏木）发展农业循环经济，共 26 个乡、镇（苏木）；适宜发展农牧功能的乡、镇（苏木）发展农牧业循环经济，共 15 个乡、镇（苏木）；适宜发展牧业功能的乡、镇（苏木）发展牧业循环经济，共 5 个乡、镇（苏木），如图 8.4-3 所示。

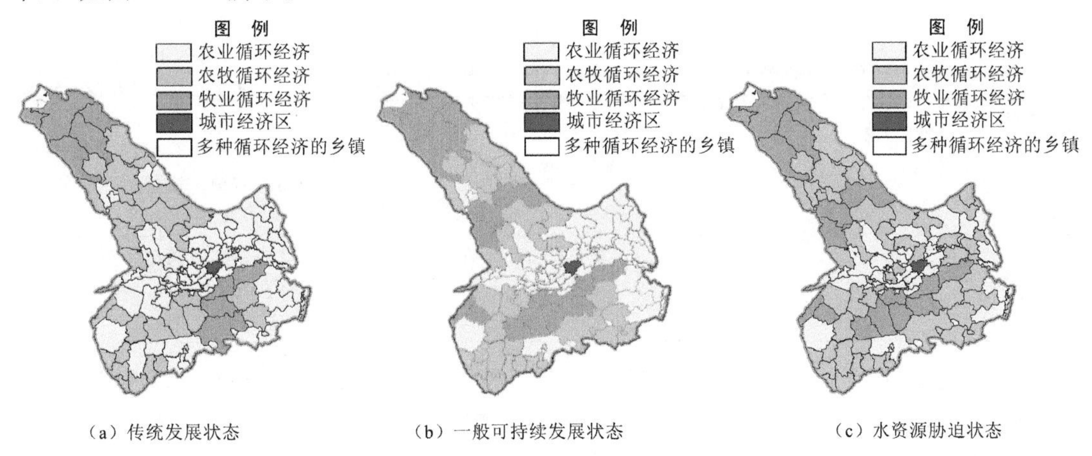

（a）传统发展状态　（b）一般可持续发展状态　（c）水资源胁迫状态

图 8.4-2　不同状态下的通辽市空间功能分区

将在传统发展状态、可持续发展状态和水胁迫发展状态下的农牧功能不一致的乡镇确定为农牧功能处于拮抗发展状态的乡镇。由于水资源在经济社会发展中的重要作用，通辽市最理想的农牧功能的空间格局应该是水资源胁迫下的农牧空间格局。然而社会经济发展具有惯性，在一定时期内通辽市仍会保持农牧经济发展的稳定性并逐步向循环经济发展，以改变拮抗发展的局面。根据通辽市农牧格局演变历程，结合国家每 5 年的国民经济发展计划，通辽市农牧功能拮抗型的乡、镇（苏木）发展循环经济的时间阶段可划分为近期、中期和远期 3 个阶段，近期为 2013—2020 年，中期为 2021—2030 年，远期为 2031—2040 年，各期的发展模式见表 8.4-1。

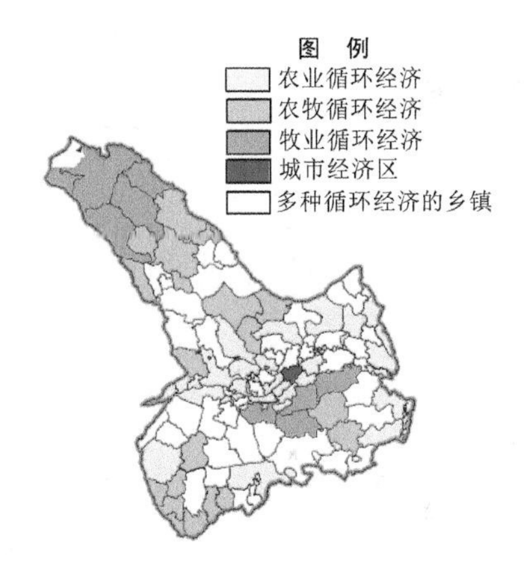

图 8.4-3　农牧功能协调型乡镇的循环经济采用模式

表 8.4-1　农牧功能拮抗型乡镇的循环经济采用模式

模式	近期（2013—2020 年）	中期（2021—2030 年）	远期（2031—2040 年）
农业循环经济模式	大林镇、辽河镇、莫力庙苏木、代力吉镇、图布信苏木、协代苏木、腰林毛都镇、门达镇、努日木镇、白兴吐苏木、花吐古拉镇、海鲁吐镇、阿都沁苏木、常胜镇、六家子镇、白音花镇、东明镇、治安镇、八仙筒镇、新镇、建华镇、东来镇、香山镇、黄花山镇	大林镇、辽河镇、莫力庙苏木、代力吉镇、图布信苏木、协代苏木、腰林毛都镇、门达镇、努日木镇、白兴吐苏木、海鲁吐镇、阿都沁苏木东来镇、香山镇	

续表

模式	近期（2013—2020年）	中期（2021—2030年）	远期（2031—2040年）
农牧循环经济模式	朝鲁吐镇、额勒顺镇、茫汗苏木、苇莲苏乡、道老杜苏木、乌力吉木仁苏木	甘旗卡镇、花吐古拉镇、常胜镇、六家子镇、白音花镇东明镇、治安镇、八仙筒镇、新镇、建华镇、黄花山镇	大林镇、辽河镇、莫力庙苏木、代力吉镇、图布信苏木、协代苏木、腰林毛都镇、门达镇、努日木镇、白兴吐苏木、甘旗卡镇、海鲁吐镇、阿都沁苏木、花吐古拉镇、常胜镇、六家子镇、白音花镇、东明镇、治安镇、八仙筒镇、新镇、建华镇、东来镇、香山镇、黄花山镇
牧业循环经济模式	甘旗卡镇	朝鲁吐镇、额勒顺镇、茫汗苏木、苇莲苏乡、道老杜苏木、乌力吉木仁苏木	朝鲁吐镇、额勒顺镇、茫汗苏木、苇莲苏乡、道老杜苏木、乌力吉木仁苏木

根据通辽市不同阶段的循环发展模式，结合实地调研和国内外循环经济发展的先进经验和理论，目前乃至今后相当长一段时间内通辽市适宜采取的循环经济发展模式分别为家庭农场组织模式、合作社组织模式、龙头企业＋农户组织模式和产业园区发展组织模式，如图8.4-4所示。

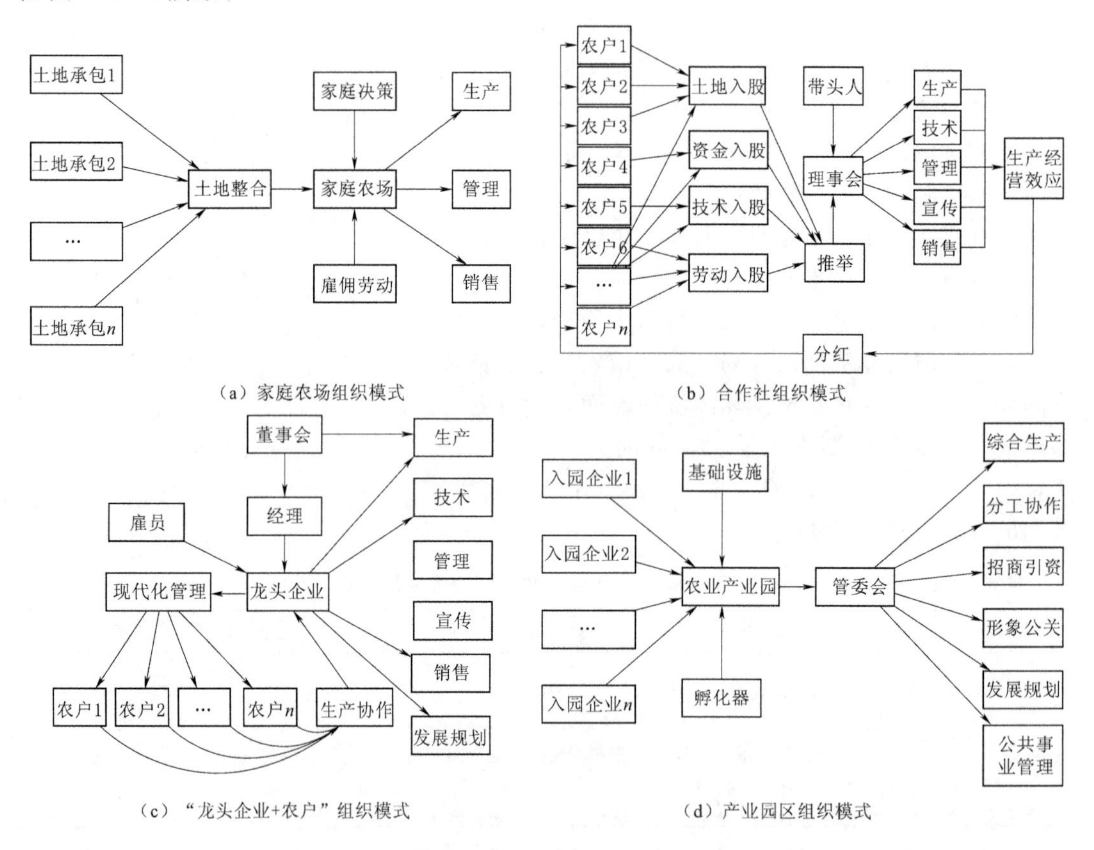

（a）家庭农场组织模式　（b）合作社组织模式
（c）“龙头企业+农户”组织模式　（d）产业园区组织模式

图8.4-4　通辽市适宜采取的循环经济采用模式[1]

[1] 通辽循环经济研究由西北大学李同升教授组织指导完成，本书引用结论，在此表示感谢。

参 考 文 献

陈崇希，林敏，1999. 地下水动力学［M］. 北京：中国地质出版社：59.
陈敏建，王浩，王芳，2004. 内陆干旱区水分驱动的生态演变机理［J］. 生态学报，24（10）：2108-2114.
陈敏建，丰华丽，王立群，等，2006. 生态标准河流和调度管理研究［J］. 水科学进展，17（5）：631-636.
陈敏建，2007a. 水循环生态效应与区域生态需水类型［J］. 水利学报，38（3）：282-288.
陈敏建，丰华丽，王立群，等，2007b. 适宜生态流量计算方法研究［J］. 水科学进展，18（5）：745-750.
陈敏建，王浩，2007c. 中国分区域生态需水研究［J］. 中国水利，9：31-37.
陈敏建，丰华丽，李和跃，2009. 松辽流域生态需水研究［M］. 北京：中国水利水电出版社.
陈敏建，张秋霞，汪勇，2019，等. 西辽河平原地下水补给植被的临界埋深［J］. 水科学进展，30（1）：24-33.
陈世鐄，1987. 内蒙古草原植物根系类型［M］. 呼和浩特：内蒙古人民出版社.
陈世鐄，张昊，王立群，等，2001. 中国北方草地植物根系［M］. 长春：吉林大学出版社.
高世桥，刘海鹏，2010. 毛细力学［M］. 北京：科学出版社.
高耀山，魏绍成，1994. 中国科尔沁草地［M］. 长春：吉林科学技术出版社.
靳晓辉，2019. 灌溉方式变化对半干旱农牧交错带地下水的影响研究［D］. 北京：中国水利水电科学研究院.
康绍忠，刘晓明，熊运章，1994. 土壤-植物-大气连续体水分传输理论及应用［M］. 北京：水利电力出版社.
雷志栋，杨诗秀，谢森传，1988. 土壤水动力学［M］. 北京：清华大学出版社：289.
李志，于孟文，张丽玲，等，2009. 西辽河平原地下水资源及其环境问题调查评价［M］. 北京：地质出版社：32-36.
林成谷，1983. 土壤学：北方本［M］. 北京：农业出版社.
刘昌明，2004. 西北地区水资源配置生态环境建设和可持续发展战略研究［M］. 北京：科学出版社.
刘新民，赵哈林，赵爱芬，1996. 科尔沁沙地风沙环境与植被［M］. 北京：科学出版社.
刘瑛心，1987. 中国沙漠植物志［M］. 北京：科学出版社.
陆时万，徐祥生，沈敏健，1991. 植物学. 上册［M］. 北京：高等教育出版社.
马建林，2011. 土力学［M］. 3 版. 北京：中国铁道出版社.
内蒙古自治区土壤普查办公室，内蒙古自治区土壤肥料工作站，1994. 内蒙古土壤［M］. 北京：科学出版社.
秦耀东，2003. 土壤物理学［M］. 北京：高等教育出版社：34.
芮孝芳，2004. 水文学原理［M］. 北京：中国水利水电出版社：78.
邵明安，王全九，黄明斌，2006. 土壤物理学［M］. 北京：高等教育出版社.
史小红，李畅游，刘廷玺，等，2006. 科尔沁沙地不同植被类型区土壤水分特性分析［J］. 云南农业大学学报，（3）：355-359.
宋永昌，2001. 植被生态学［M］. 上海：华东师范大学出版社.
水利电力部水文局，1987. 中国水资源评价［M］. 北京：水利电力出版社.
王芳，梁瑞驹，杨小柳，等，2002a. 中国西北地区生态需水研究（1）——干旱半干旱地区生态需水理

论分析 [J]. 自然资源学报，17 (1)：1-8.

王芳，王浩，陈敏建，等，2002b. 中国西北地区生态需水研究 (2) ——基于遥感和地理信息系统技术的区域生态需水计算及分析 [J]. 自然资源学报，17 (2)：129-137.

王高旭，陈敏建，丰华丽，等，2009. 黄河中下游河道生态需水研究 [J]. 中山大学学报 (自然科学版)，(5)：125-130.

闫龙，2018. 半干旱区农牧交错带生态格局研究 [D]. 北京：中国水利水电科学研究院.

杨培岭，2005. 土壤与水资源学基础 [M]. 北京：中国水利水电出版社.

叶庆华，曾定，陈振端，等，2005. 植物生物学 [M]. 厦门：厦门大学出版社.

张继义，付丹，魏珍珍，等，2006. 科尔沁沙地几种乔灌木树种耐受极端土壤水分条件与生存能力野外实地测定 [J]. 生态学报，(2)：467-474.

张济世，陈仁生，吕世华，等，2007. 物理水文学——水循环物理过程 [M]. 郑州：黄河水利出版社.

章家恩，2009. 生态规划学 [M]. 北京：化学工业出版社.

张秋霞，2012. 半干旱区生态水文规律与应用研究 [D]. 北京：中国水利水电科学研究院.

张蔚榛，沈荣开，1996. 地下水与土壤水动力学 [M]. 北京：中国水利水电出版社.

Eagleson P S，2002. Ecohydrology：Darwinian Expression of Vegetation Form and Function [M]. Cambridge：Cambridge University Press：1-443.

Los S O，Weedon G P，North P，et al，2006. An observation-based estimate of the strength of rainfall-vegetation interactions in the Sahel [J]. Geophysical Research Letters，33.

May，Robert M，1977. Thresholds and breakpoints in ecosystems with amultiplicity of stable states [J]. Nature，269：471-477.

Ridolfi L，D'Odorico P，Laio F，2006. Effect of vegetation - water table feedbacks on the stability and resilience of plant ecosystems [J]. Water Resources Research，42：1-5.

Wang Y，Chen M，Yan L，et al，2020. Quantifying Threshold Water Tables for Ecological Restoration in Arid Northwestern China [J]. Groundwater，58 (1).

附表　西辽河平原调查表

附表 1　　西辽河平原草原现状调查植物名录

科	属	种	科	属	种	科	属	种
白花丹科	补血草属	二色补血草	菊科	火绒草属	火绒草	蓼科	蓼属	西伯利亚蓼
报春花科	海乳草属	海乳草	菊科	蓟属	莲座蓟	蓼科	蓼属	萹蓄
报春花科	珍珠菜属	黄莲花	菊科	苦荬菜属	苣荬菜	蓼科	蓼属	叉分蓼
藨草亚科	扁莎属	球穗扁莎	菊科	蓝刺头属	蓝刺头	蓼科	蓼属	刺蓼
牻牛儿苗科	牻牛儿苗属	牻牛儿苗	菊科	蒿属	冷蒿	蓼科	木蓼属	东北木蓼
牻牛儿苗科	老鹳草属	鼠掌老鹳草	菊科	蒿属	裂叶蒿	蓼科	蓼属	柳叶蓼
夹竹桃科	鹅绒藤属	鹅绒藤	菊科	泽兰属	林泽兰	蓼科	蓼属	水蓼
千屈菜科	千屈菜属	千屈菜	菊科	麻花头属	麻花头	蓼科	酸模属	酸模
马齿苋科	马齿苋属	马齿苋	菊科	毛连菜属	毛连菜	蓼科	蓼属	酸模叶蓼
十字花科	独行菜属	独行菜	菊科	蒿属	蒙古蒿	百合科	葱属	矮韭
十字花科	花旗杆属	小花花旗杆	菊科	女菀属	女菀	百合科	葱属	山韭
水麦冬科	水麦冬属	水麦冬	菊科	旋覆花属	欧亚旋覆花	百合科	葱属	双齿葱
天南星科	菖蒲属	香蒲	菊科	蒲公英属	蒲公英	百合科	百合属	条叶百合
菟丝子科	菟丝子属	菟丝子	菊科	马兰属	全叶马兰	百合科	葱属	细叶韭
灯芯草科	灯芯草属	灯芯草	菊科	乳苣属	乳苣	百合科	天门冬属	兴安天门冬
灯芯草科	灯芯草属	细灯芯草	菊科	蓝刺头属	砂蓝刺头	百合科	葱属	野葱
豆科	黄耆属	扁茎黄芪	菊科	苦荬菜属	山苦荬	百合科	葱属	野韭
豆科	黄耆属	糙叶黄芪	菊科	小苦荬属	丝叶山苦荬	百合科	知母属	知母
豆科	草木樨属	草木樨	菊科	蒿属	细裂叶莲蒿	败酱科	败酱属	败酱
豆科	黄芪属	草木樨状黄芪	菊科	线叶菊属	线叶菊	车前科	车前属	平车前
豆科	甘草属	刺果甘草	菊科	旋覆花属	旋覆花	车前科	车前属	车前
豆科	胡枝子属	达乌里胡枝子	菊科	蒿属	岩蒿	柽柳科	柽柳属	柽柳
豆科	棘豆属	多叶棘豆	菊科	蒿属	野艾蒿	唇形科	百里香属	百里香
豆科	甘草属	甘草	菊科	蓟属	野蓟	唇形科	薄荷属	薄荷
豆科	胡枝子属	胡枝子	菊科	栉叶蒿属	栉叶蒿	唇形科	黄芩属	并头黄芩

续表

科	属	种	科	属	种	科	属	种
豆科	苜蓿属	花苜蓿	菊科	蒿属	猪毛蒿	唇形科	益母草属	细叶益母草
豆科	苜蓿属	黄花苜蓿	菊科	马兰属	山马兰	唇形科	夏至草属	夏至草
豆科	鸡眼草属	鸡眼草	菊科	狗娃花属	狗娃花	唇形科	青兰属	香青兰
豆科	胡枝子属	尖叶胡枝子	禾本科	狼尾草属	白草	唇形科	百里香属	亚洲百里香
豆科	槐属	苦参	禾本科	白茅属	白茅	唇形科	益母草属	益母草
豆科	苦马豆属	苦马豆	禾本科	冰草属	冰草	大戟科	地构叶属	地构叶
豆科	驴豆属	驴食豆	禾本科	隐子草属	糙隐子草	大戟科	大戟属	地锦
豆科	岩黄芪属	木岩黄芪	禾本科	披碱草属	垂穗披碱草	大戟科	大戟属	乳浆大戟
豆科	苜蓿属	紫花苜蓿	禾本科	羊茅属	达乌里羊茅	大戟科	一叶荻属	叶底珠
豆科	锦鸡儿属	柠条锦鸡儿	禾本科	针茅属	大针茅	蒺藜科	蒺藜属	蒺藜
豆科	野决明属	披针叶黄华	禾本科	鹅观草属	鹅观草	兰科	绶草属	绶草
豆科	黄耆属	乳白黄芪	禾本科	拂子茅属	拂子茅	列当科	列当属	列当
豆科	黄芪属	沙打旺	禾本科	狗尾草属	狗尾草	麻黄科	麻黄属	草麻黄
豆科	棘豆属	砂珍棘豆	禾本科	九顶草属	冠芒草	木贼科	木贼属	草问荆
豆科	山黧豆属	山黧豆	禾本科	虎尾草属	虎尾草	木贼科	木贼属	节节草
豆科	野豌豆属	山野豌豆	禾本科	画眉草属	画眉草	木贼科	木贼属	问荆
豆科	岩黄芪属	山竹岩黄芪	禾本科	芨芨草属	芨芨草	茜草科	茜草属	茜草
豆科	米口袋属	狭叶米口袋	禾本科	拂子茅属	假苇拂子茅	茄科	茄属	龙葵
豆科	锦鸡属	小叶锦鸡儿	禾本科	碱茅属	碱茅	茄科	曼陀罗属	曼陀罗
豆科	胡枝子属	兴安胡枝子	禾本科	荩草属	荩草	茄科	天仙子属	天仙子
豆科	黄耆属	兴安黄芪	禾本科	剪股颖属	巨序剪股颖	忍冬科	接骨木属	接骨木
豆科	大豆属	野大豆	禾本科	芦苇属	芦苇	瑞香科	狼毒属	狼毒
豆科	野豌豆属	野豌豆	禾本科	马唐属	马唐	伞形科	山芹属	大叶芹
豆科	黄芪属	达乌里黄芪	禾本科	牛鞭草属	牛鞭草	伞形科	柴胡属	红柴胡
豆科	骆驼刺属	骆驼刺	禾本科	披碱草属	披碱草	伞形科	迷果芹属	迷果芹
豆科	扁蓄豆属	扁蓿豆	禾本科	三芒草属	三芒草	伞形科	阿魏属	硬阿魏
藜科	碱蓬属	刺果碱蓬	禾本科	冰草属	沙芦草	伞形科	柴胡属	兴安柴胡
藜科	猪毛菜属	大翅猪毛菜	禾本科	锋芒草属	虱子草	伞形科	水芹属	水芹
藜科	藜属	刺穗藜	禾本科	稗属	稗草	伞形科	防风属	防风
藜科	地肤属	地肤	禾本科	雀麦属	雀麦	莎草科	藨草属	藨草
藜科	藜属	东亚市藜	禾本科	碱茅属	星星草	莎草科	苔草属	寸草苔
藜科	藜属	灰绿藜	禾本科	燕麦属	燕麦	莎草科	藨草属	三棱藨草

续表

科	属	种	科	属	种	科	属	种
藜科	藜属	尖头叶藜	禾本科	赖草属	羊草	莎草科	水莎草属	水莎草
藜科	碱蓬属	碱蓬	禾本科	大麦属	野大麦	莎草科	莎草科	苔草
藜科	藜属	藜	禾本科	野古草属	野古草	石竹科	繁缕属	繁缕
藜科	地肤属	木地肤	禾本科	黍属	野糜子	石竹科	麦瓶草属	麦瓶草
藜科	沙蓬属	沙蓬	禾本科	隐花草属	隐花草	石竹科	石竹属	石竹
藜科	雾冰藜属	雾冰藜	禾本科	早熟禾属	硬质早熟禾	石竹科	麦蓝菜属	王不留行
藜科	滨藜属	西伯利亚滨藜	禾本科	隐子草属	中华隐子草	卫矛科	卫矛属	桃叶卫茅
藜科	虫实属	兴安虫实	天南星科	菖蒲属	菖蒲	苋科	苋属	北美苋
藜科	碱蓬属	盐地碱蓬	萝摩科	萝藦属	萝藦	苋科	苋属	反枝苋
藜科	轴藜属	轴藜	萝藦科	杠柳属	杠柳	苋科	苋属	籽粒苋
藜科	猪毛菜属	猪毛菜	萝藦科	鹅绒藤属	地梢瓜	旋花科	打碗花属	打碗花
藜科	驼绒藜属	华北驼绒藜	萝藦科	鹅绒藤属	合掌消	旋花科	打碗花属	藤长苗
菊科	蒿属	宽叶蒿	萝藦科	鹅绒藤属	雀瓢	旋花科	旋花属	田旋花
菊科	蒿属	线叶蒿	萝藦科	鹅绒藤属	紫花合掌消	旋花科	旋花属	银灰旋花
菊科	狗娃花属	阿尔泰狗娃花	毛茛科	翠雀属	大花飞燕草	杨柳科	柳属	旱柳
菊科	蒿属	白莲蒿	毛茛科	唐松草属	箭头唐松草	杨柳科	柳属	黄柳
菊科	猬菊属	白山蓟	毛茛科	毛茛属	毛茛	杨柳科	柳属	柳树
菊科	苍耳属	苍耳	毛茛科	铁线莲属	棉团铁线莲	杨柳科	柳属	小红柳
菊科	风毛菊属	草地风毛菊	毛茛科	碱毛茛属	水葫芦苗	杨柳科	杨属	杨树
菊科	麻花头属	草地麻花头	毛茛科	唐松草属	展枝唐松草	榆科	榆属	榆树
菊科	蒿属	差巴嘎蒿	毛茛科	碱毛茛属	长叶碱毛茛	鸢尾科	鸢尾属	马蔺
菊科	蓟属	刺儿菜	毛茛科	白头翁属	白头翁	鸢尾科	鸢尾属	细叶鸢尾
菊科	刺儿菜属	大刺儿菜	玄参科	芯芭属	达乌里芯芭	远志科	远志属	远志
菊科	蒿属	大籽蒿	玄参科	柳穿鱼属	柳穿鱼	芸香科	芸香属	北芸香
菊科	麻花头属	多头麻花头	蔷薇科	地榆属	地榆	泽泻科	泽泻属	泽泻
菊科	风毛菊属	风毛菊	蔷薇科	委陵菜属	鹅绒委陵菜	紫草科	鹤虱属	鹤虱
菊科	蒿属	黑沙蒿	蔷薇科	绣线菊属	三裂绣线菊	紫草科	砂引草属	砂引草
菊科	蒿属	黄花蒿	蔷薇科	李属	山杏	紫草科	紫筒草属	紫筒草
菊科	蒲公英属	碱地蒲公英	蔷薇科	委陵菜属	二裂委陵菜	紫葳科	角蒿属	角蒿

附表 2

1980 年西辽河平原草原植物群落及植物种组成

草原类型	群落名称	优势种	群落组成	土壤类型	分布范围
天然草原	羊草群落	羊草、旱生丛生禾草（大针茅、糙隐子草、冰草等）、根茎禾草（野古草、大油芒）、苔草类（寸草苔、日阴菅）、杂类草（线叶菊、麻花头、扁蓿豆、委陵菜等）半灌木（冷蒿、胡枝子等）、灌木（小叶锦鸡儿、山杏等） 50 余种植物可以成为优势种	旱生丛生禾草（大针茅、糙隐子草、冰草等）、根茎禾草（野古草、大油芒）、苔草类（寸草苔、日阴菅）、杂类草（线叶菊、麻花头、扁蓿豆、委陵菜等）半灌木（冷蒿、胡枝子等）、灌木（小叶锦鸡儿、山杏等） 50 余种植物可以成为优势种；常见种可达 100 余种	栗钙土和盐碱土	大兴安岭东麓丘陵以下的冲积平原
天然草原	大针茅群落	大针茅、糙隐子草、线叶菊	大针茅、糙隐子草、线叶菊、禾草、杂类草、山杏灌丛	栗钙土	大兴安岭东麓山前丘陵平原地带
天然草原	糙隐子草群落	糙隐子草、大针茅、冰草、羊草、冷蒿、兴安胡枝子	据统计科尔沁草地上糙隐子草群落共有 33 科、79 属 103 种种子植物以禾本科、菊科豆科最多。大针茅、冰草、羊草、冷蒿、兴安胡枝子等均可成为优势种，在不同条件下与糙隐子草形成群落	砂壤质或壤质的栗钙土	松辽平原西部及科尔沁沙地中固定沙地，在放牧强度较大的河流沿岸剥成条状沿阶地分布
天然草原	小糠草群落	小糠草	常见伴生种有草地早熟禾、拂子茅、山野豌豆、鹅绒委陵菜等	草甸土	西辽河流域及大兴安岭山麓低地均有分布
天然草原	长芒草群落	长芒草	常与万年蒿、大针茅、冰草、糙隐子草等组成广泛的旱生一半旱生群落	黑垆土	
天然草原	苔草群落	苔草	群落中常见伴生植物有牛鞭草、三棱藨草、芦苇、细灯芯草、散穗早熟禾、鹅绒委陵菜等	沼泽草甸土	分布在有短期临时积水的河漫滩上，土壤潮湿，地面平坦，有发育良好的沼泽草甸土
天然草原	拂子茅群落	拂子茅	群落中常见伴生植物有水麦冬、海乳草、莎草、草地早熟禾、日阴菅、鹅绒委陵菜、羊草、地榆、黄花菜、山野豌豆、扁蓿豆、野火球、黄芪、旋复花、裂叶蒿、蓬子菜	沙质草甸土	西辽河的河漫滩及丘间凹地
天然草原	芦苇群落	芦苇	伴生种有三棱藨草、牛鞭草、荻、星星草、水葱、针蔺、沼泽委陵菜、水蓼	腐殖质沼泽土	西辽河及其支流沿岸、水泛地及水库周边

续表

草原类型	群落名称	优势种	群落组成	土壤类型	分布范围
天然草原	线叶菊群落	线叶菊	菊科、豆科占优势，常见伴生种有地榆、黄花菜、沙参、细叶百合、贝加尔针茅、白头翁、柴胡、防风、火绒草、黄芩、苔草、委陵菜属、棘豆属、还阳参属、百里香等	砂壤质土、栗钙土	大兴安岭山地、山麓和低山丘陵地带
天然草原	芨芨草群落	芨芨草	群落中常见伴生植物有羊草、细叶苔、问荆、海乳草、马蔺、披碱草、画眉草、野大麦、蒲公英、委陵菜、车前、水葫芦苗、西伯利亚蓼、草地风毛菊、小花棘豆、星星草、碱茅、扁蓿豆、披针叶黄华、二色补血草、碱蒿、苦马豆等	盐化草甸土	主要发育在河漫滩、干河谷、湖盆洼地、山间低地及闭合洼地的生境中
天然草原	小叶锦鸡儿群落	小叶锦鸡儿、差巴嘎蒿、糙隐子草、冷蒿	在半固定沙地上伴生植物为差巴嘎蒿、木岩黄芪、叉分蓼、砂珍棘豆、沙蓬、城市等一年生沙生植物；在固定沙地上沙生植物大多消失，草原旱生植物增加，主要有冰草、糙隐子草、达乌里胡枝子、冷蒿、百里香、华北骆绒藜等	风沙土	广泛分布于科尔沁草地固定、半固定沙地上
天然草原	榆树—洽草+冰草群落	榆树、洽草、冰草	沙地榆树疏林常与小叶锦鸡儿、山杏、差巴嘎蒿、冷蒿、麻黄、冰草、糙隐子草、白草、羊草构成沙地疏林植被，常见伴生植物有华北骆绒藜、木岩黄芪、叉分蓼、黄柳、伏地肤、扁蓿豆、兴安胡枝子、早熟禾、狗尾草、黄蒿、虫实、马唐、猪毛蒿等	风沙土	主要分布在固定沙丘垄岗坡地
天然草原	虎榛子群落	虎榛子	伴生的主要灌木有土庄绣线菊、三裂绣线菊、胡枝子等；草本植物有苔草、山丹、野豌豆、地榆、铃兰、黄精、藜芦、歪头菜、龙牙草、野罂粟等。靠近草原的低山带，灌丛中侵入大量草原成分，如线叶菊、白莲蒿、柴胡、细叶远志、多叶棘豆等杂类草和贝加尔针茅、糙隐子草、冰草、洽草等禾草	山地棕色森林土	大兴安岭中南段山地的石质山坡

续表

草原类型	群落名称	优势种	群落组成	土壤类型	分布范围
天然草原	针蔺+苔草群落	针蔺、苔草、藨草、小香蒲	群落组成简单，群落常见伴生种多为水生或湿生植物，如水葱、眼子菜等，有时与藨草或小香蒲组成共优种群落	腐殖质沼泽土	主要分布在湖泊边缘的浅水中及河流弯曲处形成的牛轭湖中
天然草原	山杏群落	山杏、多叶隐子草和线叶菊	群落中多叶隐子草和线叶菊可成为优势种，常见伴生植物有羊草、野古草、大油芒、冰草、糙隐子草、洽草、狐茅等禾草，草木犀状黄芪、麻花头、防风等杂类草，日阴菅、寸草苔和黄囊苔草等苔草层	暗栗钙土	大兴安岭东南麓构成景观明显的灌丛化草原带
天然草原	地榆群落	地榆，山野豌豆、野火球、山黧豆、黄芩、沙参、裂叶蒿、黄花菜等	群落种类成分丰富，除地榆为建群种外，可成为优势种的有山野豌豆、野火球、山黧豆、黄芩、沙参、裂叶蒿、黄花菜等；拂子茅、贝加尔针茅、羊草、日阴菅等是该群落的恒有成分；常见伴生植物有莓叶委陵菜、掌叶白头翁、箭头唐松草、黄花苜蓿、山丹、败酱、叉分蓼等中生杂类草	草甸黑土	主要分布在大兴安岭山麓的山间沟谷及山地河滩地的低湿地生境中
天然草原	绣线菊群落	绣线菊、线叶菊、贝加尔针茅	线叶菊、贝加尔针茅、隐子草、尖叶胡枝子、委陵菜、白莲蒿	山地棕色森林土	大兴安岭中南段山地
沙地	沙蓬群落	沙蓬、雾冰藜、虫实、猪毛菜	藜科的沙蓬、雾冰藜、虫实、猪毛菜和菊科的黄蒿、沙蒿等，群落结构简单，多为单优势种的纯群落，或仅有少量其他沙生成分渗入	沙土	流动沙地及半固定沙地
退化草地	差巴嘎蒿群落	差巴嘎蒿、禾草	沙蒿、禾草类	风沙土	主要分布在科尔沁沙地半流动沙丘上

附表 3　　西辽河平原 48 种演替植物种信息

植物种	科	属	生命周期	耐旱特性	生境特征
矮韭	百合科	葱属	多年生	中旱生	山坡、草地固定沙地
宽叶蒿	菊科	蒿属	多年生	中生	分布在森林草原带中，也进入森林区和草原区山地、散生于林缘、林下与灌丛中，为草甸和杂类草原的伴生植物
达乌里胡枝子	豆科	胡枝子属	多年生	中旱生	草本状半灌木，生于内蒙古草原带的干山坡、丘陵坡地、沙地以及草原群落中，为草原群落的次优势成分或伴生成分
柠条锦鸡儿	豆科	锦鸡儿属	多年生	旱生	散生于荒漠、荒漠草原地带的流动沙丘及半固定沙地
披针叶黄华	豆科	野决明属	多年生	中旱生	为草甸草原、碱化羊草草原及盐化草甸的伴生植物，稀见于沙地及湖盆外缘
乳白黄芪	豆科	黄耆属	多年生	旱生	草原区分布极广的植物中，也进入荒漠草原群落中，尤其在放牧退化的草场上大量繁生
砂珍棘豆	豆科	棘豆属	多年生	旱生	草原带的沙生植物，生于沙丘、河岸沙地及砂质坡地，偶见于草原植被中
山竹岩黄芪	豆科	岩黄芪属	多年生	中旱生	草原区的沙丘及沙地，也进入森林草原地区
扁蓿豆	豆科	蓠蓿豆属	多年生	中旱生	典型草原、砂质草原、沙生植被的伴生植物，稀见于草甸草原及草原化草甸。多生于砂质地、丘陵坡地、河岸砂质地、路旁等
冰草	禾本科	冰草属	多年生	中旱生	干燥草地、山地、丘陵、沙地
狗尾草	禾本科	狗尾草属	一年生	中生	荒地、河边、坡地
虎尾草	禾本科	虎尾草属	一年生	中生	广泛分布
三芒草	禾本科	三芒草属	一年生	旱中生	生于荒漠草原和荒漠地带，以及干燥山坡、丘陵坡地、沙土上
沙芦草	禾本科	冰草属	多年生	旱生	干燥草原、沙地
稗草	禾本科	稗属	一年生	中生	生于田野、耕地旁、宅旁、路边、渠沟边水湿地和沼泽地、水稻田中
蒺藜	蒺藜科	蒺藜属	一年生	旱生	居民地、田边
草麻黄	麻黄科	麻黄属	多年生	旱生	生于丘陵坡地、平原、砂地，为石质或沙质草原的伴生种，局部地段可形成群聚
狼毒	瑞香科	狼毒属	多年生	旱生	草原群落伴生种，过度放牧情况下，数量往往增多，成为景观植物
阿尔泰狗娃花	菊科	狗娃花属	多年生	中旱生	重要的草原伴生植物，是草原退化演替的标志种
白山蓟	菊科	猬菊属	多年生	旱生	为草原带沙地及草原化荒漠地带沙漠中常见伴生种
苍耳	菊科	苍耳属	一年生	中生	生于田野、路边
差巴嘎蒿	菊科	蒿属	多年生	中旱生	分布于草原区北部的干草原带和森林草原带，是内蒙古沙地半灌木群落的重要建群植物
大刺儿菜	菊科	刺儿菜属	多年生	中生	草原地带、森林草原地带退耕撂荒地上最先出现的先锋植物之一，可形成较密集的群聚

续表

植物种	科	属	生命周期	耐旱特性	生境特征
大籽蒿	菊科	蒿属	一年生	中生	散生或群居于农田、路旁、畜群点或水分较好的撂荒地。有时也进入人为活动较明显的草原或草甸群落中
风毛菊	菊科	风毛菊属	一年生	中生	广泛分布于草原地带山地，草甸草原，河带草原，路旁及撂荒地亦较常见
光沙蒿	菊科	蒿属	多年生	旱生	多分布于中温型干草原带的沙丘、沙地和覆沙高平原上，是内蒙古东部沙生半灌木群落建群植物或为沙质草原的伴生植物
黄花蒿	菊科	蒿属	一年生	中生	生于河边、沟谷或居民点附近。多散生或形成小群聚
麻花头	菊科	麻花头属	多年生	中旱生	为典型草原地带、较为常见的伴生植物，在老年期撂荒地上局部可形成临时性优势杂草
砂蓝刺头	菊科	蓝刺头属	一年生	旱生	为荒漠草原地带和草原化荒漠地带常见伴生杂类
栉叶蒿	菊科	栉叶蒿属	一年生	旱中生	分布极广，在干草原带、荒漠草原带以及草原化荒漠带均有分布，在退化草场上常常可成为优势种
猪毛蒿	菊科	蒿属	一年生	旱生	在草原带和荒漠带均有分布，多生长在砂质土壤上，是夏雨型一年生层片的主要组成植物
大翅猪毛菜	藜科	猪毛菜属	一年生		生长于砂质或砂砾质土壤上，也进入农田成为杂草，在荒漠草原和荒漠群落中，于多雨年份常形成发达的层片
灰绿藜	藜科	藜属	一年生	中生	生于盐渍化土壤上，零星或成片分布，为盐生植物群落和盐湿草原的伴生成分
藜	藜科	藜属	一年生	中生	生于田间、路旁、荒地、人家附近与河岸的低湿地，为农田杂草
雾冰藜	藜科	雾冰藜属	一年生	旱生	生长于干草原、荒漠草原和荒漠地带的砂质地和沙丘上，散生或聚生，也常在草原撂荒地上形成先锋植物群聚
兴安虫实	藜科	虫实属	一年生	沙生	主要生长于草原及荒漠草原沙地及砂质土壤上，少量见于荒漠区较湿润的沙地及干河床。在草原区亦为农田杂草
猪毛菜	藜科	猪毛菜属	一年生	旱中生	经常进入草原和荒漠群落中成伴生种，亦为农田、撂荒地杂草，可形成群落或纯群落
东北木蓼	蓼科	木蓼属	多年生	中旱生	典型草原地带东半部的沙地河碎石质坡地，可做固沙植物
华北驼绒藜	藜科	驼绒藜属	多年生	旱生	散生于草原区和森林草原区的干燥山坡、固定沙地、旱谷和干河床内，是山地草原和沙地植被的伴生成分和亚优势成分
地梢瓜	萝藦科	鹅绒藤属	多年生	旱生	生长于干草原、丘陵坡地、沙丘、撂荒地、田埂
牻牛儿苗	牻牛儿苗科	牻牛儿苗属	一年生	中生	旱中生，生于山坡、干草甸子、河岸、沙质草原、沙丘、田间、路旁
达乌里黄芪	豆科	黄芪属	一年生	旱中生	为草原化草甸及草甸草原的伴生植物，在农田、撂荒地也常有散生

续表

植物种	科	属	生命周期	耐旱特性	生境特征
二裂委陵菜	蔷薇科	委陵菜属	多年生	中旱生	草原、草甸草原的偶见伴生种，也见于山地林缘、灌丛中
硬阿魏	伞形科	阿魏属	多年生	旱生	嗜沙旱生植物，典型草原和荒漠草原地带沙地
菟丝子	菟丝子科	菟丝子属	一年生	寄生	寄生于草本植物上，多寄生在豆科植物上
反枝苋	苋科	苋属	一年生	中生	多生于居民点空地、路旁，田间，为中生杂草
银灰旋花	旋花科	旋花属	多年生	旱生	是荒漠草原和典型草原群落的常见伴生植物。在荒漠草原中是植被放牧退化演替的指示种
砂引草	紫草科	砂引草属	多年生	中旱生	生于沙地、沙漠边缘、盐生草甸、干河沟边

附表4　西辽河平原2017年草原植物种在群落中分布情况

植物种覆盖群落数	植物种数	植物种名称	演替植物种数	演替植物种
19	3	蒺藜、稗草、狗尾草	3	蒺藜、稗草、狗尾草
18	4	藜、反枝苋、虎尾草、羊草	3	藜、反枝苋、虎尾草
17	1	砂引草	1	砂引草
16	2	猪毛菜、马齿苋	1	猪毛菜
15	6	雾冰藜、灰绿藜、阿尔泰狗娃花、兴安虫实、大翅猪毛菜、胡枝子	5	雾冰藜、灰绿藜、阿尔泰狗娃花、兴安虫实、大翅猪毛菜
14	4	光沙蒿、银灰旋花、二裂委陵菜、草木樨状黄芪	3	光沙蒿、银灰旋花、二裂委陵菜
13	8	达乌里胡枝子、大刺儿菜、达乌里黄芪、猪毛蒿、狼毒、糙隐子草、画眉草、碱地蒲公英	5	达乌里胡枝子、大刺儿菜、达乌里黄芪、猪毛蒿、狼毒
12	6	差巴嘎蒿、冰草、苍耳、扁蓿豆、三芒草、黄花蒿	6	差巴嘎蒿、冰草、苍耳、扁蓿豆、三芒草、黄花蒿
11	5	牻牛儿苗、披针叶黄华、大籽蒿、蓝刺头、田旋花	3	牻牛儿苗、披针叶黄华、大籽蒿
10	8	地梢瓜、东北木蓼、麻花头、沙芦草、菟丝子、草木樨、车前、拂子茅	5	地梢瓜、东北木蓼、麻花头、沙芦草、菟丝子
9	5	矮韭、风毛菊、硬阿魏、白山蓟、草麻黄	5	矮韭、风毛菊、硬阿魏、白山蓟、草麻黄
8	9	宽叶蒿、山竹岩黄芪、柠条锦鸡儿、柿叶蒿、华北驼绒藜、砂蓝刺头、冷蒿、马蔺、沙打旺	6	宽叶蒿、山竹岩黄芪、柠条锦鸡儿、柿叶蒿、华北驼绒藜、砂蓝刺头
7	7	乳白黄芪、二色补血草、兴安胡枝子、杨树、榆树、小叶锦鸡儿、草地风毛菊	1	乳白黄芪
6	11	砂珍棘豆、大针茅、独行菜、尖叶胡枝子、节节草、巨序剪股颖、苣荬菜、苦参、蒲公英、丝叶山苦荬、星星草	1	砂珍棘豆

续表

植物种覆盖群落数	植物种数	植物种名称	演替植物种数	演替植物种
5	15	白草、花苜蓿、并头黄芩、糙叶黄芪、叉分蓼、蒙古蒿、欧亚旋覆花、白茅、细叶鸢尾、小红柳、兴安天门冬、旋覆花、亚洲百里香、野糜子、鸡眼草	0	—
4	15	草地麻花头、刺穗藜、平车前、芦苇、冠芒草、假苇拂子茅、野艾蒿、裂叶蒿、披碱草、鼠掌老鹳草、酸模叶蓼、萝藦、狭叶米口袋、远志、展枝唐松草	0	—
3	24	北芸香、苔草、刺果碱蓬、大叶芹、地构叶、地榆、黄花苜蓿、黄柳、火绒草、碱蓬、莜草、莲座蓟、迷果芹、乳浆大戟、乳苣、山韭、山黧豆、虱子草、细裂叶莲蒿、菖蒲、野大豆、野大麦、硬质早熟禾、线叶蒿	0	—
2	42	萹蓄、虉草、刺果甘草、打碗花、达乌里芯芭、刺儿菜、地肤、东亚市藜、鹅绒委陵菜、繁缕、牛鞭草、地锦、黄莲花、尖头叶藜、碱茅、林泽兰、柳树、龙葵、寸草苔、棉团铁线莲、千屈菜、茜草、雀瓢、野韭、苦马豆、大花飞燕草、细叶韭、山杏、双齿葱、水蓼、雀麦、细叶益母草、小花花旗杆、兴安黄芪、盐地碱蓬、燕麦、野蓟、益母草、茇茇草、泽泻、长叶碱毛茛、紫花合掌消	0	—
1	80	甘草、马唐、白头翁、百里香、败酱、薄荷、北美苋、扁茎黄芪、草问荆、垂穗披碱草、香蒲、刺蓼、达乌里羊茅、灯芯草、多头麻花头、多叶棘豆、鹅观草、鹅绒藤、白莲蒿、海乳草、旱柳、合掌消、红柴胡、箭头唐松草、角蒿、接骨木、列当、柳穿鱼、柳叶蓼、驴食豆、麦瓶草、曼陀罗、毛茛、毛连菜、木地肤、木岩黄芪、山苦荬、女菀、球穗扁莎、全叶马兰、三棱藨草、三裂绣线菊、山野豌豆、石竹、绶草、水葫芦苗、鹤虱、水麦冬、水莎草、酸模、藤长苗、天仙子、条叶百合、王不留行、桃叶卫茅、问荆、西伯利亚滨藜、西伯利亚蓼、细灯芯草、夏至草、线叶菊、香青兰、岩蒿、野葱、野古草、野豌豆、叶底珠、隐花草、知母、中华隐子草、轴藜、籽粒苋、紫筒草、柽柳、兴安柴胡、水芹、防风、杠柳、山马兰、狗娃花	0	—
合计	255		48	

附图　西辽河平原天然草原植物群落采样点

附图 1　芦苇群落

附图 2　苔草群落

附图 3　苔草＋委陵菜群落

附图 4　羊草＋苔草群落

附图 5　羊草＋胡枝子群落

附图 6　大针茅＋糙隐子草群落

附图 7　羊草＋糙隐子草群落

附图 8　寸草苔群落

附图 9　糙隐子草群落

附图 10　糙隐子草＋胡枝子群落

附图 11　冰草＋猪毛蒿群落

附图 12　猪毛蒿群落

附图 13　百里香群落

附图 14　冷蒿群落

附图 15　胡枝子群落

附图 16　麻黄群落

附图 17　麻黄+胡枝子群落

附图 18　小叶锦鸡儿群落

附图 19　盐蒿群落